异常高压底水气藏水侵规律研究

郭 肖 编著

科学出版社
北 京

内 容 简 介

常规气藏渗流理论不能准确描述异常高压底水气藏水侵机理，本书提供了异常高压底水气藏水侵规律研究方法和手段。具体内容包括：异常高压底水气藏开发特征、异气体高压物性特征研究、异常高压气藏渗流理论、异常高压底水气藏渗流数学模型建立与求解以及异常高压底水气藏水侵规律研究。

本书可供从事油气田开发研究人员、油藏工程师以及油田开发管理人员参考，同时也可作为大专院校相关专业师生的参考书。

图书在版编目(CIP)数据

异常高压底水气藏水侵规律研究 / 郭肖编著. —北京：科学出版社，2014.10

ISBN 978-7-03-042142-5

Ⅰ.①异… Ⅱ.①郭… Ⅲ.①超高压-底水油气藏-水侵-规律-研究 Ⅳ.①TE349

中国版本图书馆 CIP 数据核字（2014）第 236369 号

责任编辑：杨 岭 罗 莉 / 责任校对：邓利娜
责任印制：余少力 / 封面设计：墨创文化

科 学 出 版 社 出版

北京东黄城根北街16号
邮政编码：100717
http://www.sciencep.com

成都创新包装印刷厂印刷
科学出版社发行 各地新华书店经销

*

2014 年 10 月第 一 版 开本：720×1000 B5
2014 年 10 月第一次印刷 印张：7 1/4
字数：150 千字
定价：39.00 元

前　　言

我国已发现了克拉 2、大北、川西须家河组等异常高压气藏，该类气藏地质特征和渗流特征复杂，水侵问题往往广泛存在，水侵降低了气井产能，缩短气井寿命，从而大大降低气藏采收率。

常规气藏渗流理论不能准确描述异常高压底水气藏水侵机理，本书提供了异常高压底水气藏水侵规律研究方法和手段。具体内容主要包括：异常高压底水气藏开发特征、异常高压气体高压物性特征研究、异常高压气藏渗流理论、异常高压底水气藏渗流数学模型建立与求解以及异常高压底水气藏水侵规律研究。

本书撰写过程中得到"十二五"国家油气科技重大专项"高压水侵气田高效开发机理及高压气井压力系统监测方法"（2011ZX05015－002)资助和"高含硫气藏安全高效开发四川省青年科技创新研究团队"（2014TD0009)的支持，油气藏地质及开发工程国家重点实验室对本书提出了有益建议，本人研究生郝洋和石婷帮助整理部分稿件与校核工作，在此表示感谢。

笔者希望本书能为油气田开发研究人员、油藏工程师以及油田开发管理人员提供参考，同时也可作为大专院校相关专业师生的参考书。限于编者的水平，本书难免存在不足和疏漏之处，恳请同行专家和读者批评指正，以便今后不断对其进行完善。

编　者

2014 年 8 月

目　　录

第 1 章 绪 论

异常高压气藏作为一种特殊气藏在中国乃至世界都有着广泛分布，如塔里木盆地的克拉 2 气藏、大北 2 气藏、川西须家河组 2 段气藏、迪娜 2 气藏以及河坝飞三气藏等，其压力梯度高于 0.02MPa/m，或者说异常高压气藏的压力系数大于 1.2。国内外异常高压气藏测试资料显示，异常高压气藏不同程度地存在水体，且 60％以上的异常高压气井开发初期就大量产水[1]，例如四川的川南东部、川西和川东北等地，多数试采井在开发初期便出现高产水现象[2]。

异常高压底水气藏在开发上存在以下特征：①裂缝分布不均、发育各异，裂缝系统复杂；②储层具有应力敏感性，开采过程中，随着气藏压力的下降，岩石骨架承受的有效应力会大幅度增加，从而导致岩石发生显著的弹塑性形变，岩石渗透率、孔隙度和压缩系数等物性参数减小[3]，对于有裂缝的储层，随着开采的进行岩石有效应力增加，还会出现裂缝闭合等现象；③地层具有高压的特点，高压会导致地层流体物性参数发生变化，从而对气藏相态、渗流和开发动态产生影响；④底水的入侵，随着天然气的采出和地层压力的下降，底水就会逐渐侵入到原来的含气区域，降低气藏的含气饱和度，从而降低气相渗透率，影响气藏的生产动态[4]。

上述开发特征导致了异常高压底水气藏渗流规律复杂，利用常规的气藏渗流理论将不能准确预测该类气藏的生产动态。因此，研究异常高压底水气藏水侵规律对正确认识该类气藏渗流规律，制定合理的开发方案及防水治水方案具有重要意义。

1.1 储层应力敏感性研究进展

储层的应力敏感性是指在气藏开采过程中，岩石渗透率、孔隙度和岩石压缩系数等物性参数随着气藏压力的下降而减小的现象，应力敏感性的研究是在实验的基础上发展起来的。20 世纪 40 年代，国外就开始了储层渗透率、孔隙度随压缩压力变化的研究。

1952 年，Fatt 和 Davis 发现储层渗透率随着上覆岩石压力的增加而降低[5]。

1958 年，Fatt[6]通过对砂岩岩心进行试验，深入研究了岩石渗透率以及岩石孔隙度在压缩压力影响下的变化规律，测得当压缩压力逐渐增加达到 34MPa 时，岩石孔隙度与岩石渗透率分别下降到了初始值的 5%与 25%。

1966 年，Al-Hussainy 等[7]提出了真实气体在多孔介质中渗流时，考虑应力敏感性的稳定、拟稳定和不稳定的渗流方程，并与不考虑应力敏感时建立的方程进行了比较，指出考虑应力敏感的模型更符合实际情况，这为试井和气井产能的预测提供了依据。

1971 年，Vairogs 等[8]在应力敏感性实验的基础上，对近井地带的应力情况进行了力学分析，建立了考虑应力敏感性的渗流模型，通过对渗流模型的求解和实例分析，得出了这样的结论：致密气藏中应力敏感性对气井的产能作用很大。

1972 年，Raghavan 等[9]提出了应力敏感性的拟压力形式，推导出考虑应力敏感性的渗流微分方程的拟压力形式，并在气井定产量生产、封闭的边界条件下求解了渗流数学模型，最后将求得的解运用到气井测试中去。Thomas 和 Ward[10]通过实验得出渗透率会随着围压的增加而大幅度降低，但孔隙度变化不大，并且提出了储层渗透率随压力变化的指数关系式。

1986 年，Pedrosa[11]建立了气井定产量生产时考虑渗透率应力敏感性的无限大地层径向流的渗流数学模型，并求得了模型的解析解。在该数学模型中提出了一个新的物理量——渗透率模量，来表征渗透率随有效应力变化的程度，这为后来应力敏感性的研究开拓了一片新的天地。随后，Pedrosa 用小扰动方法给出了该数学模型的二阶近似解[12]，Rosalind[13]用拉普拉斯变换求出了单相微可压缩流体考虑应力敏感的流动方程。

1987 年，戈尔布诺夫[14]通过分析 Fatt 的研究，得出储层的渗透率随地层压力变化的程度为孔隙度变化程度的 5~15 倍。

1998 年，段玉廷等[15]对具有孔隙-裂缝双重介质的裂缝性气藏进行了研究，从实验和计算机模拟两方面入手，得出了对具有天然裂缝的油气藏应力敏感性主要存在于裂缝中的结论，并提出了评估该类油气藏应力敏感性的步骤，为储层保护和气藏传导物性参数的计算提供了数据。

1999 年，Davies 等[16]对疏松砂岩和致密砂岩的渗透率应力敏感进行了对比研究，指出这两者的区别主要是由孔隙结构决定的。

2001 年，秦积舜等[17]建立了低渗储层井筒附近考虑应力敏感的径向渗流模型，研究了近井地带应力敏感对气井产能的影响。

2004~2005 年杨胜来等人[18,19]对克拉 2 气藏的岩样采用拟三轴应力岩心加持器测得每块岩心的渗透率与有效覆压关系曲线并进行幂函数拟合，得到渗透率随有效覆压变化的幂函数式经验公式。

2005 年，黄继新等[20]以岩石力学理论为基础，推导出了异常高压气藏岩石变形方程，并将理论关系式与应力敏感性实验进行对比，研究表明理论推导出的变化关系与实验结果吻合，验证了所推导的理论方程的正确性，并得出渗透率对应力的敏感性比孔隙度对应力的敏感性大得多。

2007 年，胡常忠等[21]研究了岩石应力敏感性对异常高压油藏——川北油田开发的影响。

2008 年，董平川[22]对克拉 2 气田的岩心实验表明：随着储层有效应力由小增大，其渗透率和孔隙度由大变小；随着储层有效应力由大变小，其渗透率和孔隙度由小变大，虽向原始值的方向恢复但无法恢复到原来的数值水平。

2009 年，向祖平等[23]针对低渗透异常高压气藏建立了考虑应力敏感的三维两相模型，通过编制程序进行了模拟研究。肖香姣等[24]利用有限元方法求解了考虑应力敏感的数值试井模型。这些研究结果都表明应力敏感对气井产能有明显的影响，在开采中考虑应力敏感时地层的能量利用率降低，因此开发异常高压气藏要考虑应力敏感性。

2010 年，向祖平等[25]还研究了裂缝－孔隙双重介质中裂缝应力敏感性对低渗透异常高压气藏产能的影响，通过编程计算得出：低渗透储层具有比高渗透储层更强的应力敏感性。蒋同文等[26]基于克拉 2 气田的地质特征建立了该气藏的地质模型，通过分析地质特征得出如下结论：由于该气藏的岩石储层性能好，因此储层应力敏感性不明显。

前人根据实验数据对渗透率随应力变化关系进行回归拟合，总结出适用于相应气藏的经验关系式[27−29]，其中渗透率随有效应力变化的拟合关系式以指数式和幂函数式为主，二项式的拟合关系式也比较普遍[30]。

指数式

$$k = k_i e^{-\alpha_k (p_i - p)} \tag{1-1}$$

幂函数式

$$k = k_i (p_i - p)^{\beta_k} \tag{1-2}$$

二项式

$$k = k_0 (p_u - p)^{-m} \tag{1-3}$$

式中，p、p_i、p_u——目前压力、原始地层压力、上覆岩层压力，MPa；

　　　k、k_i——目前压力、原始地层压力下的渗透率，mD；

　　　k_0——空气渗透率，mD；

　　　α_k、β_k、m——渗透率变化系数，MPa^{-1}。

通过调研发现，国内外对异常高压气藏的应力敏感性进行了大量研究，认为异常高压气藏具有应力敏感性，并指出应力敏感性会影响气井的产能，但没有明确应力敏感性强弱的储层渗透率范围。

1.2　气藏水侵规律研究进展

1965 年，Agarwal 等[31]研究了水侵对气藏采收率的影响，得出发生水侵的气藏在某些情况下采收率低于 45%，且采收率受采气速度与采气方式、残余气饱和度、水体属性以及水的驱替效率等因素的影响，其中采气速度与采气方式是主要影响因素。

1969 年，Wallace[32]分析了路易斯安那州南部的异常压力气藏的产水规律，认为岩石压实作用导致水从页岩中流出是气藏发生水侵现象的原因。

1972 年，Bass[33]分析了异常压力水侵气藏，得出外围水侵和岩石骨架膨胀是气藏最持久的驱动能量。

1988 年，Al-Hashim 等[34]认为影响边水气藏气水界面的因素有水体大小、采气速度、地层原始压力以及渗透率，并结合 van Everdingen-Hurst[35]水侵量计算方法与气藏物质平衡方程研究了气藏水侵规律并预测了气水界面的位置。

1993 年，张丽囡等[36]总结了气藏产出水的来源，认为气井出水水源主要分为气藏外部水(边底水)、气藏内部水(凝析水和沉积水)以及工业用水，并阐述了各种类型地层水的出水特征。

1994 年，Poston 等[37]研究了异常高压气藏水侵对开发的影响，并对水侵量进行预测。

1996 年，杨雅和等[38]通过分析辽河盆地兴隆台某气藏的生产动态资料，分析了带油环有边水条件下的气井水侵特征、气水同层或异层时的出水特征以及泥质胶结储层的水侵规律。

1998 年，冯异勇等[39]以威远气田震旦系气藏为例，利用锥进模型对裂缝性底水气藏气井水侵动态进了模拟研究，对基质渗透率、裂缝大小及分布、井底隔层、采气速度、气井打开程度和水体大小等参数进行了敏感性分析，并归纳了水锥型、纵窜型、横侵型以及复合型 4 种水侵模式。

1989 年，Olarewaju[40]结合气藏物质平衡方程、解析水体模型以及自动历史拟合技术研究了边底水驱气藏的生产动态。

2000 年，Lies[41]分析了稳态和非稳态条件下有限水体和无限水体的水侵量计算模型，并针对某有水气藏对各参数进行了敏感性分析，改进了现有的水侵量计算模型。

2002 年，周克明等[42]利用均质孔隙和裂缝-孔隙模型地层的气-水两相可视化人工物理模型，开展了气-水两相渗流及封闭气形成机理试验，研究了两种模型中的水驱气机理，水沿裂缝的推进和变化规律及封闭气的形成方式，得出均质模型中封闭气形成的主要原因是指进、卡断和贾敏性，裂缝－孔隙模型中主要原因为模型的亲水性、指进、卡断以及水窜作用。

2004 年，吴建发等[43]利用激光刻蚀技术研究了裂缝性地层气－水两相渗流机理，得出裂缝地层中气－水两相流动分为：水窜、绕流和卡断现象。在此基础上建立了气－水两相裂缝渗流模型，将气－水两相流动分为 4 个流动阶段：静止、运动、卡住进而卡断阶段，证明了裂缝性地层气－水两相流动具有不连续性。

2005 年，张新征[44]通过文献调研系统分析了四川裂缝性有水气藏渗流特征和水侵危害，总结了裂缝性有水气藏的水侵模式和水侵机理，并建立了一种适用于早期水侵动态预测模型。同年，贾长青[45]采用气藏静态地质基础和开发动态特征相结合的原则，按出水机理和水侵特征将川东石灰系气藏气井水侵类型分为：孔隙型水侵、裂缝型水侵和裂缝－孔隙型水侵三种类型。

2006 年，何晓东等[46]通过统计和对比一些边水气藏出水气井生产动态资料，借助数学表达式描述了气井出水变化规律，并将出水类型分为线形型、二次方型及多次方型 3 类，并基于一些假设提出了边水气藏水侵特征分类及识别图版。

2007 年，姚麟昱[47]在文献调研的基础上，借鉴研究较为成熟的裂缝性气藏理论，将溶洞和裂缝视为一种复合介质，将缝洞－裂缝－基质三重介质模型简化为双重介质模型，并从地层压力变化、基质与裂缝系统流入量变化、存水系数变化、水侵体积系数变化、水侵量以及产水量变化等方面研究了该类气藏水侵动态。陈擎东等[48]通过分析了大涝坝气田上苏维依组的生产资料得到其水侵特征，并认为底水活跃的原因有靠近边水且边水能量较大、单井生产强度大以及储层高孔高渗。程开河等[49]分析了和田河气田奥陶系底水气藏底水上升规律，并建立了单井剖面模型研究了水体大小、有效厚度、射开厚度、地层渗透率等因素对底水锥进的影响。

2008 年，卢国助[50]基于气－水两相渗流微观可视化实验，研究了孔隙型、裂缝－孔隙型气藏中水驱动机理以及封闭气形成的方式，并分别描述了气藏微观水侵规律与宏观水侵规律。

2009 年，胡俊坤等[51]结合异常高压气藏的生产动态，计算出异常高压气藏有限封闭水体的水体倍数，评价了气藏水体能量。熊钰等[52]分析了邛西北断块须二气藏水体特征及水侵动态，认为气藏裂缝水窜对气井产能的影响不可避免，通过产水动态及水体分布可分析各井水侵途径和水侵方向。

2010 年，郝煦等[53]研究了蜀南地区嘉陵江组水侵活跃气藏出水特征，得出该气藏以边水沿裂缝水窜为主，出水后水量上升快，对气井影响较大。熊钰等[54]运用水体影响函数理论及气藏 AIF 模型，建立了底水驱 AIF 和压力动态分析模型，分析了气藏水侵动态并利用 VB 编制了气藏水侵动态分析程序。Li等[55]建立一种新的评价气藏水体活跃程度的方法。

2011年，刘道杰等[2]通过调研将异常高压有水气藏分为带裂缝和无裂缝两种情况，并分别分析了其水侵顺序及水侵微观机理。李凤颖等[56]利用数值模拟技术，通过分析基质渗透率、地层倾角、裂缝渗透率、缝长、水体大小及采气速度等因素对水侵规律的影响，总结了裂缝性异常高压边水气藏水侵规律。宋代诗雨[57]以水驱气藏的渗流机理和水封机理为出发点，讨论了影响水驱气藏水侵的因素：储渗空间、裂缝、井底隔层、开采速度、生产压差、水体大小及打开程度等，研究了利用不稳定试井资料进行水侵早期识别的两种模型，并分析了水驱气藏的水侵动态。吴东昊等[58]根据地质特征和生产动态资料分析了孔滩气田茅口组气藏裂缝圈闭系统的地层水存储模式，认为该气藏存在底部、边部以及局部地层水存储模式。丁显峰[59]研究了异常高压有水气藏的水侵特征、水侵一般模式、水体来源，分析了有裂缝与无裂缝时异常高压有水气藏低水气比与高水气比时水侵的一般规律，并应用模糊理论和D-S信息融合技术，计算了异常高压气藏水侵的强度。

通过调研发现，国内外主要通过生产资料分析、数值模拟技术以及水侵数学模型等方法对气藏水侵规律进行了大量研究，认为底水气藏具有水锥型、纵窜型、横侵型及纵窜横侵型4种水侵模式，并指出气藏水侵会严重影响气井生产动态，但没能提出根据生产动态判断气藏水侵模式的方法。

1.3　章节内容安排

本书第1章为绪论，主要介绍储层应力敏感性研究进展以及气藏水侵规律研究进展；第2章为异常高压底水气藏开发特征，比较全面地介绍异常高压气藏开发过程中的特征，让读者对异常高压底水气藏有一个初步的认识；第3章为异常高压气藏气体高压物性参数，给出高压气藏天然气偏差系数的计算方法，并对各种计算方法进行对比分析；第4章为异常高压气藏渗流理论，建立考虑应力敏感的异常高压气藏渗流微分方程，对异常高压气井进行产能分析，并详细阐述异常高压气藏试井分析理论；第5章为异常高压底水气藏渗流数学模型的建立和求解，建立考虑裂缝特征的双重介质简化几何模型，并在此基础上建立综合考虑储层应力敏感性、底水入侵及气体高压物性特征的异常高压底水气藏三维气－水两相渗流数学模型，得到压力方程组的矩阵形式；第6章为异常高压底水气藏水侵规律研究，基于渗流数学模型及其求解，建立水侵机理模型，通过分析裂缝特征，水侵模式，不同水侵模式下基质－裂缝渗透率比值、气井日产气量与储层应力敏感性等因素对水侵规律的影响，总结异常高压底水气藏的水侵规律。

第 2 章　异常高压底水气藏开发特征

2.1　异常高压气藏与常压气藏压降曲线的差异

石油工程中常用压力系数来判断地层压力是否处于异常高压状态,压力系数是实际测得的地层压力 p 与相同深度的静水压力 p_w 之比,用符号 φ 来表示[60]

$$\varphi = \frac{p}{p_w} \tag{2-1}$$

式中,φ——压力系数,无因次;

　　p——地层压力,MPa;

　　p_w——静水压力,MPa。

若气藏的 $\varphi > 1.2$,该气藏为异常高压气藏;若 φ 在 $0.8 \sim 1.2$,为正常压力气藏;若 $\varphi < 0.8$,则为异常低压气藏。

异常高压气藏具有不同于其他气藏的开发特征,主要受储层流体岩石物性和相关水体等多种因素的影响。在不同的压力阶段,各单一因素的影响程度不同,因此实际异常高压气藏的开发特征可能有多种形式。参数敏感性研究结果表明,异常高压气藏视地层压力与累积产量间的关系曲线可能表现为一条上凸的曲线。

通过对定容异常高压气藏研究,其开采初期压降较缓,压降曲线出现上凸趋势(图 2-1)[61]。这是由于在气藏投入开发的初期,地层压实、储集层基质和地层水膨胀释放出的弹性能量使地层压力下降缓慢。当气藏具有边水、底水时,储水层释放出的弹性能量使曲线上凸更加明显,因此岩石和地层水的压缩性不可忽略。当地层压力降到正常压力时,岩石的弹性能量释放基本结束,与随着地层压力下降而显著增加的天然气压缩系数相比,岩石压缩系数可以忽略不计。此时气藏的开采主要依靠天然气的膨胀作用,表现为常压开采特征,压力呈较快的线性下降特征。这使得异常高压气藏衰竭式开采过程具有多阶段性,给气藏动态预测带来了困难。

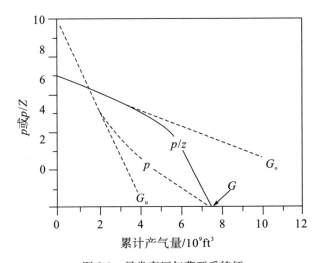

图 2-1　异常高压气藏开采特征

注：ft³，是体积单位，1 立方英尺（ft³）=0.028316846592 立方米（m³）

异常高压气藏的压力变化规律主要与气藏的驱动类型有关。对于异常高压气藏，一般来说，水体供应能量有限，在开发初期水体能量与岩石的弹性能量相比非常小，因此视地层压力 p/Z 与累计产量 Gp 的关系是一条凸型的曲线。对于常压定容封闭气藏，在开采中视地层压力 p/Z 与累计采出量 Gp 呈线性变化；而对于水驱气藏，视地层压力 p/Z 与累计采出量 Gp 之间不存在直线关系，而是随着净水侵量的增加，气藏的视地层压力下降率随累计产气量的增加不断减少，这样在 $p/Z \sim Gp$ 图上是一条上翘的曲线（图 2-2）。

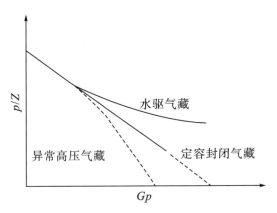

图 2-2　不同类型气藏压降图

根据水侵量的不同，有的在开采初期就偏离气驱直线，为强弹性水驱；有的在开采中后期才出现偏离，为弱弹性水驱（图 2-3）。强弹性水驱一般出现在底水气藏中；弱弹性水驱一般出现在边水气藏中。

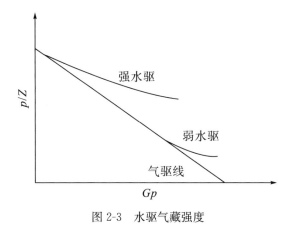

图 2-3　水驱气藏强度

2.2　裂缝特征对异常高压底水气藏开发的影响

异常高压气藏储层沉积物在成岩过程中容易发生各种不同的成岩作用，如断裂作用、压实作用、溶蚀作用以及黏土矿物转化等，成岩作用不同导致储层物性也各不相同。压实强度较大，可能使得孔隙度大大减小，也可能由于压实作用强度较大，岩石的脆性较大而出现裂缝。

川西深层须家河组 2 段气藏地层温度为 120～140 ℃，地层压力 70～90 MPa，孔隙度 2%～4%，基质渗透率普遍小于 0.1 mD，非均质性强，属于致密、特低渗带底水的异常高压气藏，该气藏具有裂缝-孔隙结构。由于储层致密气藏钻获工业气井率低，只有钻遇到裂缝时才能获得工业产能，裂缝使该气藏的渗流性得到极大改善。

迪那 2 气藏具有天然裂缝，构造高部位主要发育南北向和东西向裂缝，构造区的岩心大多被切穿，古近系苏维依组裂缝最为发育，在古应力场下裂缝渗透率为 20～200 mD，裂缝倾角多以垂直缝为主，高角度斜交缝为辅。

大北 2 气藏存在较为发育的天然裂缝，裂缝倾角大多在 60°以上，裂缝多被方解石及泥质充填，沿裂缝面有溶蚀，部分裂缝张开、有效。大多数层段的裂缝发育厚度都接近层段的地层厚度，裂缝基本上切穿了大部分储层和夹层，裂缝的存在使区域分布的夹层封隔性大大降低。

2.3   储层应力敏感性对异常高压底水气藏开发的影响

通过对储层应力敏感的大量调研[5−30]，在气藏开发过程中，随着开发过程的进行，储集层压力逐渐下降，导致储层有效应力增加，从而储层的孔隙空间受到压缩而使孔隙结构发生变化。主要表现在孔隙、裂缝和喉道的体积缩小，甚至有可能引起裂缝通道和喉道闭合，储层孔隙度、渗透率以及岩石压缩系数等参数的降低。

在气藏的开发过程中储层渗透率会随着压力的下降而减小，对异常高压底水气藏来说，由于原始地层压力大，岩石的有效应力变化范围大，渗透率下降快，应力敏感性强。通过应力敏感实验的大量实验数据回归，渗透率应力敏感随地层压力变化的关系式主要有 3 种：指数式、幂函数式以及对数关系式，其中指数式应用的比较多，表达式为

$$k = k_0 e^{-\alpha_k \sigma_\varepsilon} \tag{2-2}$$

式中，k——储层渗透率，mD；

k_0——初始渗透率，mD；

α_k——应力敏感系数，MPa^{-1}；

σ_ε——岩石的有效应力，MPa。

岩石的有效应力有不同的形式，目前，采用 Terzaghi[62]有效应力来研究储层应力敏感性的比较多，其有效应力表示为

$$\sigma_\varepsilon = p_i - p \tag{2-3}$$

式中，p——目前压力，MPa；

p_i——原始地层压力，MPa；

Terzaghi 有效应力下的渗透率随地层压力变化的关系式为

$$k = k_0 \exp[-\alpha_k(p_i - p)] \tag{2-4}$$

对柯克亚异常高压气藏的岩心进行储层应力敏感性实验，渗透率随有效应力变化的关系曲线如图 2-4 所示。图 2-4 表明，在异常高压气藏中，有效应力对渗透率的影响具有以下特征：

(1)渗透率随着有效应力的增加而变小；

(2)有效应力刚开始增加时，岩石的渗透率下降较快，表现为初始时岩石的本体形变。当变形到一定程度时，渗透率变化幅度变小，此时表现为岩石的结构形变。

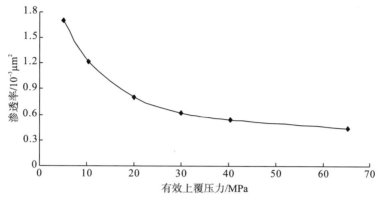

图 2-4　渗透率随有效上覆压力的变化关系图

2.4　底水入侵现象对异常高压底水气藏开发的影响

在异常高压底水气藏的开发过程中，随着天然气的采出和地层压力的下降，底水会逐渐侵入到原来的含气区域，降低气藏含气饱和度，从而降低气相渗透率，影响气藏的生产动态[4]。

2.4.1　异常高压底水气藏水侵模式

底水侵入异常高压气藏主要通过两种形式：一是裂缝不发育，底水侵入表现为水侵特征；二是裂缝发育，底水沿裂缝窜入表现为水窜特征[56]。异常高压底水气藏在开发过程中水侵模式有：水锥型、纵窜型、横侵型、纵窜横侵型。

水锥型水侵模式：气井附近储层中存在微细裂缝网，微观上底水沿裂缝上窜，宏观上底水呈水锥推进类似于均质地层的水锥，如图 2-5(a)所示。

纵窜型水侵模式：气井附近储层多为高角度缝区，或存在裂缝直接沟通气井与水体，水体沿裂缝直接窜入气井，如图 2-5(b)所示。

横侵型水侵模式：气井通过相互连通的两条裂缝与水体沟通，从而使水体先沿纵向上裂缝纵窜，然后再沿水平向裂缝横向窜流进入气井，如图 2-5(c)所示。

纵窜横侵型水侵模式：气井附近存在与裂缝相连通且微裂缝或溶洞发育的高渗透层，从而使水体先沿纵向上裂缝纵窜，然后再沿水平向高渗层横向侵入气井，如图 2-5(d)所示。

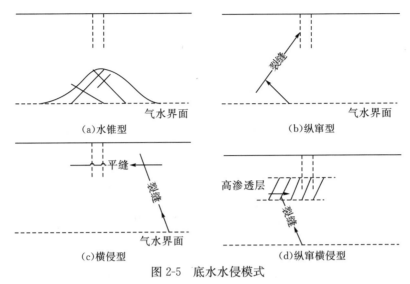

图 2-5　底水水侵模式

2.4.2　异常高压底水气藏水封特征

随着气藏的开采，水体选择性侵入地层导致水封，给气藏开发带来很大影响，大大降低了气藏的采收率。气藏水封主要包括了水对气的封闭、封隔和水淹三种现象。近年来通过研究[42,50,57]认为在水驱气过程中，绕流、卡断、死孔隙等原因也会形成封闭气。

1. 孔隙中的水锁

异常高压底水气藏中渗透率较高的孔道或裂缝被底水侵入后，储存在渗透率较低的砂体或裂缝切割的基质孔隙中的天然气被水包围。在毛管效应作用下，水则全方位的向被包围的砂体或基质岩块孔隙侵入，在孔隙喉道介质表面形成水膜、喉道内气－水两相接触面处的毛管阻力增大，孔隙中的气被水封隔，称为"水锁"。

2. 低渗透岩块中的水封气

异常高压底水气藏中的基质岩块中的低渗层和小裂缝中的气是经过大裂缝或高渗孔道产出的，水侵入时水首先进入大裂缝或高渗孔道。当水体能量高于气层压力时，水会堵塞孔隙、微细裂缝中气体的产出通道，气体被封隔在低渗层中，即"水封气"。气水同产阶段也是气藏选择性水侵形成水封气的主要阶段。

3. 气藏的封隔

这是影响气藏采收率非常重要的因素，当气藏水侵发生后，高渗孔道或裂缝被水充填，高渗区内部除连通性变差外，仍然保持区块内部的压力传递。而高渗区之间的中低渗带及高渗区与中低渗区之间的过渡带，由于连通通道物性变差，裂缝变小，继而气藏压力下降岩石发生弹性膨胀导致裂缝闭合，使连通性变得更糟，甚至切断了区块之间的联系，形成气藏的封隔，出现多个独立的区块，气藏由一个开发单元变成数个开发单元，增加了开发难度。

4. 气井的水淹

气井出水后，气体相对渗透率变小，气产量递减增快，同时井筒内流体密度不断增大，回压上升，生产压差变小，水气比上升，井筒积液不断增加。当井筒回压上升至与地层压力相平衡时气井水淹而停产。虽然气井仍有较高的地层压力，但气井控制范围的剩余储量靠自然能量已不能采出，而被井筒及井筒周围裂缝中的水封隔在地下，通常称为水淹。这也是天然气产出过程中的一种水封形式，将直接影响气藏的废弃压力和采收率。

第 3 章　异常高压气藏气体高压物性特征研究

3.1　天然气偏差因子

气体偏差因子是天然气极其重要的物性参数之一，直接影响气藏的原始地质储量。天然气的偏差因子，又称偏差系数，其物理意义[63]是在给定的压力和温度下，实际气体体积与同温同压下相同摩尔数的理想气体体积的比值。气体偏差因子的大小与气体的性质、温度和压力有关，在低压下天然气遵循理想气体定律可视为理想气体。但是，当气体压力上升，尤其是当气体温度接近临界温度时，真实气体与理想气体的偏离程度就会很大。

目前，气体偏差因子的获取方法较多，总结起来主要分为两种：一种是实验方法，另一种是计算方法。虽然用实验方法测得的数据更准确、误差小、可靠性高，但实验的成本高、周期长、操作困难，故一般都采用计算法来确定偏差因子。计算法可以分为 3 种：图版法、图版拟合法以及状态方程法。图版法（S-K 图版）[60]没有具体的表达式，不方便计算机程序化的实现，因此其应用受到了很大的限制，故常采用后两种计算方法。

图版拟合法[64]即经验公式法，是利用状态方程回归 S-K 图版从而得到偏差因子关于拟临界压力、拟临界温度的表达式。目前较常用的经验公式法有 HTP 法、BB 法、H-Y 法、DPR 法、DAK 法、Sarem 法、Papay 法、Leung 法、Gopal 法、Cranmer 法、李相方法以及张国东法等。

状态方程法[63]是利用气体状态方程来计算偏差因子，这是偏差因子关于压力和温度的表达式，目前比较常用的状态方程法有 SRK 方程法、PR 方程法等。

3.1.1　气体偏差因子常用计算方法

1. Hall-Yarborough（H-Y）计算方法[65]

1973 年，霍尔－雅布洛（Hall-Yarborough）利用 Starling-Carnahan 状态方程对 S-K 图版进行拟合得到了计算气体偏差因子的如下关系式

$$Z = 0.06125 \frac{p_{pr}}{\rho_{pr} T_{pr}} \exp[-1.2(1-1/T_{pr})^2] \tag{3-1}$$

其中，ρ_{pr} 可以用牛顿迭代法通过下式得到

$$\frac{\rho_{pr} + \rho_{pr}^2 + \rho_{pr}^3 - \rho_{pr}^4}{(1-\rho_{pr})^3} - \left(\frac{14.76}{T_{pr}} - \frac{9.76}{T_{pr}^2} + \frac{4.58}{T_{pr}^3}\right)\rho_{pr}^2$$

$$+ \left[\frac{90.7}{T_{pr}} - \frac{2422}{T_{pr}^2} + 42.4 - 0.06125\left(\frac{p_{pr}}{T_{pr}}\right)\right]\exp[-1.2(1-1/T_{pr})^2] = 0 \tag{3-2}$$

式中，ρ_{pr}——拟对比密度，无因次；

T_{pr}——拟对比温度，无因次；

p_{pr}——拟对比压力，无因次。

应用范围是：$1.2 \leqslant T_{pr} \leqslant 3.0$；$0.1 \leqslant p_{pr} \leqslant 24.0$。

2. Dranchuk-Purvis-Robinsion(DPR)计算法[66]

DPR 法是 1974 年由 Dranchuk、Purvis 和 Robinson 利用 BWR 状态方程拟合 S-K 图版得到，其表达式如下

$$Z = 0.27 \frac{p_{pr}}{\rho_r T_{pr}} \tag{3-3}$$

式中，ρ_r 可用牛顿迭代法用下式得到

$$1 + \left(A_1 + \frac{A_2}{T_{pr}} + \frac{A_3}{T_{pr}^3}\right)\rho_r + \left(A_3 + \frac{A_5}{T_{pr}}\right)\rho_r^2 + \frac{A_5 A_6}{T_{pr}}\rho_r^5$$

$$+ \frac{A_7}{T_{pr}^3}\rho_r^2(1 + A_8\rho_r^2)\exp(-A_8\rho_r^2) - 0.27\frac{p_{pr}}{\rho_r T_{pr}} = 0 \tag{3-4}$$

系数 $A_1 \sim A_8$ 的值为

$A_1 = 0.31506237$，$A_2 = -1.0467099$，$A_3 = -0.57832729$，$A_4 = 0.53530771$，
$A_5 = -0.61232032$，$A_6 = -0.10488813$，$A_7 = 0.68157001$，$A_8 = 0.68446549$。

应用范围：$1.05 \leqslant T_{pr} \leqslant 3.0$，$0.2 \leqslant p_{pr} \leqslant 30.0$。

3. Dranchuk-Abu-Kassern(DAK)计算法[67]

DAK 方法是利用状态方程拟合 S-K 图版得到了求取偏差因子的公式，具体表达式

$$Z = 1 + \left(A_1 + \frac{A_2}{T_{pr}} + \frac{A_3}{T_{pr}^3} + \frac{A_4}{T_{pr}^4} + \frac{A_5}{T_{pr}^5}\right)\rho_{pr} + \left(A_6 + \frac{A_7}{T_{pr}} + \frac{A_8}{T_{pr}^2}\right)\rho_{pr}^2$$

$$- A_9\left(\frac{A_7}{T_{pr}} + \frac{A_8}{T_{pr}^2}\right)\rho_{pr}^5 + \frac{A_{10}}{T_{pr}^3}\rho_{pr}^2(1 + A_{11}\rho_{pr}^2)\exp(-A_{11}\rho_{pr}^2) \tag{3-5}$$

式中拟对比密度 ρ_r 可用牛顿迭代法用下式得到

$$1 + \left(A_1 + \frac{A_2}{T_{pr}} + \frac{A_3}{T_{pr}^3} + \frac{A_4}{T_{pr}^4} + \frac{A_5}{T_{pr}^5}\right)\rho_r + \left(A_6 + \frac{A_7}{T_{pr}} + \frac{A_8}{T_{pr}^2}\right)\rho_r^2$$

$$-A_9\left(\frac{A_7}{T_{pr}} + \frac{A_8}{T_{pr}^2}\right) + \frac{A_{10}}{T_{pr}^3}\rho_r^2(1 + A_{11}\rho_r^2)\exp(-A_{11}\rho_r^2) - 0.27\frac{p_{pr}}{\rho_r T_{pr}} = 0$$

$$(3-6)$$

系数 $A_1 \sim A_{11}$ 的值为

$A_1 = 0.3265$，$A_2 = -1.0700$，$A_3 = -0.5339$，$A_4 = 0.0157$，$A_5 = -0.0517$，
$A_6 = 0.5475$，$A_7 = -0.7361$，$A_8 = 0.1844$，$A_9 = 0.1056$，$A_{10} = 0.6134$，$A_{11} = 0.7210$。

应用范围：$0.7 \leqslant T_{pr} \leqslant 1.0$；$p_{pr} < 1.0$ 或 $0.1 \leqslant T_{pr} \leqslant 3.0$，$0.2 \leqslant p_{pr} \leqslant 30.0$。

4. Gopal 法[68]

Gopal 对 S-K 气体偏差系数图版的曲线分段用下面直线方程拟合

$$Z = p_{pr}(AT_{pr} + B) + CT_{pr} + D \tag{3-7}$$

具体参数值见表 3-1 所示。

表 3-1　Gopal 表达式参数值

p_{pr}	T_{pr}	表达式
0.2~1.2	1.05~1.2	$Z = p_{pr}(1.6643T_{pr} - 2.2114) - 0.3647T_{pr} + 1.4385$
	1.2~1.4	$Z = p_{pr}(0.5552T_{pr} - 0.8511) - 0.3647T_{pr} + 1.0491$
	1.4~2.0	$Z = p_{pr}(0.1391T_{pr} - 0.2988) - 0.0007T_{pr} + 0.9969$
	2.0~3.0	$Z = p_{pr}(0.0295T_{pr} - 0.0825) - 0.0009T_{pr} + 0.9967$
1.2~2.8	1.05~1.2	$Z = p_{pr}(-1.3570T_{pr} - 1.4942) - 4.6315T_{pr} + 4.7009$
	1.2~1.4	$Z = p_{pr}(0.1711T_{pr} - 0.3232) + 0.5869T_{pr} + 0.1299$
	1.4~2.0	$Z = p_{pr}(0.0984T_{pr} - 0.2053) - 0.0621T_{pr} + 0.8580$
	2.0~3.0	$Z = p_{pr}(0.0211T_{pr} - 0.0527) - 0.0127T_{pr} + 0.9549$
2.8~5.4	1.05~1.2	$Z = p_{pr}(-0.3278T_{pr} - 0.4752) + 1.8223T_{pr} + 1.9036$
	1.2~1.4	$Z = p_{pr}(-0.2521T_{pr} + 0.3871) + 1.0087T_{pr} - 1.6636$
	1.4~2.0	$Z = p_{pr}(-0.0284T_{pr} + 0.0625) + 0.4714T_{pr} - 0.0011$
	2.0~3.0	$Z = p_{pr}(0.0041T_{pr} + 0.0039) + 0.0607T_{pr} + 0.7927$
5.4~15.0	1.05~3.0	$Z = p_{pr}(3.6600T_{pr} + 0.4711)^{-1.4667} - 1.6370/(0.3190T_{pr} + 0.5220) + 2.0710$

应用范围：$p_{pr} \leqslant 15.0$。

5. Cranmer 法[69]

Cranmer 法计算天然气偏差因子的表达式如下

$$Z = 1 + \left(0.31506 - \frac{1.0467}{T_{pr}} - \frac{0.5783}{T_{pr}^3}\right)\rho_{pr} + \left(0.5353 - \frac{0.6123}{T_{pr}}\right)\rho_{pr}^2$$

$$+ \left(0.6815 \times \frac{\rho_{pr}^2}{T_{pr}^3}\right) \tag{3-8}$$

$$\rho_{pr} = (0.27 \times p_{pr})/(Z \times T_{pr}) \tag{3-9}$$

应用范围：$p_{pr} > 35\text{MPa}$。

6. Hankinson-Thomas-Phillips（HTP）法[70]

HTP 法计算偏差因子的公式如下

$$\frac{1}{Z} - 1 + \left(A_4 T_{pr} - A_2 - \frac{A_6}{T_{pr}^2}\right)\frac{p_{pr}}{Z^2 T_{pr}^2} + (A_3 T_{pr} - A_1)\frac{p_{pr}^2}{Z^3 T_{pr}^3}$$

$$+ \frac{A_1 A_5 A_7 p_{pr}^5}{Z^6 T_{pr}^6}\left(1 + \frac{A_8 p_{pr}^2}{Z^2 T_{pr}^2}\right)\exp\left(-\frac{A_8 p_{pr}^2}{Z^2 T_{pr}^2}\right) = 0 \tag{3-10}$$

其中，参数 $A_1 \sim A_8$ 的取值如下表 3-2 所示。HTP 法适用于 $1.1 \leqslant T_{pr} \leqslant 3.0$，$0.4 \leqslant p_{pr} \leqslant 15.0$ 的情况。

表 3-2　HTP 表达式参数值

常数	$0.4 \leqslant p_{pr} < 5.0$	$5.0 \leqslant p_{pr} < 15.0$
A_1	0.00129024	0.00145079
A_2	0.38193005	0.37922269
A_3	0.02219929	0.02418140
A_4	0.12215481	0.11812287
A_5	-0.01567480	0.03790566
A_6	0.02727136	0.19845016
A_7	0.02383422	0.04891169
A_8	0.43617780	0.06314254

7. Beggs & Brill（BB）法[71]

Beggs 和 Brill 于 1973 年提出了计算偏差系数的经验公式为

$$Z = A + \frac{1-A}{e^B} + Cp_{pr}^D \tag{3-11}$$

式中，A、B、C、D 是对比压力和对比温度的函数。

$$A = 1.39(T_{pr} - 0.92)^{0.5} - 0.36T_{pr} - 0.101 \tag{3-12}$$

$$B = (0.62 - 0.23T_{pr})p_{pr} + \left(\frac{0.066}{T_{pr} - 0.86} - 0.037\right)p_{pr}^2 + \frac{0.32}{10^{9(T_{pr}-1)}}p_{pr}^6$$

$$\tag{3-13}$$

$$C = 0.132 - 0.32 \lg T_{pr} \tag{3-14}$$

$$D = 10^{(0.3106 - 0.497 T_{pr} + 0.1824 T_{pr}^2)} \tag{3-15}$$

应用范围：$1.5 \leqslant p_{pr} \leqslant 4.4$，$1.05 < T_{pr} \leqslant 1.1$。

8. 李相方(LXF)法[72]

2001 年，李相方等人通过分析 S-K 图版发现在高压段气体偏差因子与压力呈线性关系，因此对高压段的数据进行拟合从而建立了高压下气体偏差因子的解析模型，即 LXF 模型，其表达式如下：

1) 当 $8 \leqslant p_{pr} < 15$，$1.05 \leqslant T_{pr} \leqslant 3.0$ 时

$$Z = (-0.002225 T_{pr}^4 + 0.0108 T_{pr}^3 + 0.015225 T_{pr}^2 - 0.153225 T_{pr} + 0.241575) p_{pr}$$
$$+ (0.1045 T_{pr}^4 - 0.8602 T_{pr}^3 + 2.3695 T_{pr}^2 - 2.1065 T_{pr} + 0.6299) \tag{3-16}$$

2) 当 $15 \leqslant p_{pr} \leqslant 30$，$1.05 \leqslant T_{pr} < 3.0$ 时

$$Z = (0.0155 T_{pr}^4 - 0.145836 T_{pr}^3 + 0.5153091 T_{pr}^2 - 0.8322091 T_{pr} + 0.5711) p_{pr}$$
$$+ (-0.1416 T_{pr}^4 + 1.34712 T_{pr}^3 - 4.77535 T_{pr}^2 + 7.72285 T_{pr} - 4.2068)$$
$$\tag{3-17}$$

9. 张国东(ZGD)方法[73]

2005 年，张国东等根据 Poettmann-Carpenter 的 Z 函数表和 S-K 图版对 LXF 模型的系数进行了修正，重新确定了高压和超高压下天然气偏差因子的计算模型，即 ZGD 模型，其表达式如下：

1) 当 $8 \leqslant p_{pr} < 15$，$1.05 \leqslant T_{pr} \leqslant 3.0$ 时

$$Z = (-0.003166 T_{pr}^4 + 0.0022556 T_{pr}^3 - 0.032927 T_{pr}^2 - 0.073659 T_{pr} + 0.197251) p_{pr}$$
$$+ (0.117388 T_{pr}^4 - 1.010878 T_{pr}^3 + 2.963273 T_{pr}^2 - 3.062466 T_{pr} + 1.148271)$$
$$\tag{3-18}$$

2) 当 $15 \leqslant p_{pr} \leqslant 30$，$1.05 \leqslant T_{pr} \leqslant 3.0$ 时

$$Z = (0.021465 T_{pr}^4 - 0.199411 T_{pr}^3 + 0.690947 T_{pr}^2 - 1.080657 T_{pr} + 0.698583) p_{pr}$$
$$+ (-0.333807 T_{pr}^4 + 3.065972 T_{pr}^3 - 10.398390 T_{pr}^2 + 15.676766 T_{pr} - 8.296470)$$
$$\tag{3-19}$$

10. Soave-Redlich-Kwong(SRK)状态方程法[74]

SRK 方程的偏差因子的三次方程表达式为

$$Z_m^3 - Z_m^2 + (A_m - B_m - B_m^2)Z_m - A_mB_m = 0 \tag{3-20}$$

$$A_m = \frac{a_m(T)p}{(RT)^2} \tag{3-21}$$

$$B_m = \frac{b_m p}{RT} \tag{3-22}$$

$$a_m(T) = \sum_{i=1}^{n}\sum_{j=1}^{n} x_i x_j (a_i a_j \alpha_i \alpha_j)^{0.5}(1 - k_{ij}) \tag{3-23}$$

$$b_m = \sum_{i=1}^{n} x_i b_i \tag{3-24}$$

$$\alpha = [1 + (1 - T_r^{0.5})(0.48508 + 1.5517\omega - 0.15613\omega^2)]^2 \tag{3-25}$$

式中，m——混合物；

　　i，j——分别表示混合物中 i，j 组分；

　　k_{ij}——方程的二元交互系数，无因次；

　　R——气体普适常数，8.31MPa·cm³/(mol·K)；

　　p——系统对应的压力，MPa；

　　T——系统对应温度，K；

　　x——组分体积分数，无因次；

　　a——引力常数，无因次；

　　b——斥力常数，无因次；

　　T_r——对比温度，无因次；

　　ω——偏心因子，无因次。

11. Peng-Robinson(PR)状态方程法[75]

偏差因子的 PR 三次方程表达式为

$$Z_m^3 - (1 - B_m)Z_m^2 + (A_m - 2B_m - 3B_m^2)Z_m - (A_mB_m - B_m^2 - B_m^3) = 0 \tag{3-26}$$

式中，参数与 SRK 方程中的参数相同。

3.1.2　气体偏差因子计算方法的对比和分析

目前，计算低压条件下气体偏差因子的方法有很多，人们也提出了高压、超高压条件下气体偏差因子的计算模型，各种计算方法得到的气体偏差因子值有所差异，为了减小这种由于模型不同所带来的误差，需对偏差因子各个计算方法的计算精度进行比较研究。

某异常高压气藏，原始气藏压力为 90 MPa，气藏温度为 373.15 K，压力系数为 1.54～1.56，临界温度为 194.3 K，临界压力为 4.61 MPa。其天然气组分如表 3-3 所示。

以该气藏为例，分别采用上述方法计算不同压力下气体的偏差因子，并与实测的偏差因子相比较[74]，图 3-1 为不同压力下各种方法得到的天然气偏差因子。

表 3-3   天然气组分含量(%)及相对密度

CO₂	N₂	C₁	C₂	C₃	C₄	C₅	C₆	相对密度
0.562	0.609	98.208	0.554	0.031	0.016	0.004	0.006	0.565

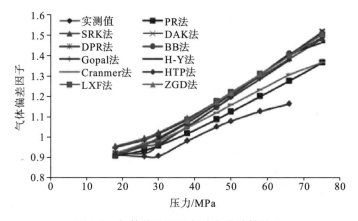

图 3-1   气体偏差因子各种方法计算结果

从图 3-1 可知，天然气偏差因子随压力的增加而增大，在开发初期，压力与天然气偏差因子呈较好的线性关系。

定义相对误差

$$ER = \frac{|Z_i^{cal} - Z_i^{real}|}{Z_i^{real}} \times 100\% \tag{3-27}$$

式中，ER——相对误差，%；

Z_i^{cal}——偏差因子计算值；

Z_i^{real}——实测值。

在不同压力下各种方法求得的值与实测值相比较得到的相对误差对比如表 3-4 所示。

定义平均相对误差

$$\overline{ER} = \frac{1}{N_p} \sum_i \frac{|Z_i^{cal} - Z_i^{real}|}{Z_i^{real}} \times 100\% \tag{3-28}$$

式中，N_p——测试点数。

在不同压力下各种方法求得的值与实测值相比较得到的平均相对误差对比如表 3-5 和图 3-2 所示。

表 3-4　不同方法计算气体偏差因子的相对误差表

各方法相对误差/%	压力/MPa								
	18	26	30	38	46	50	58	66	75
PR 法	4.417	5.154	5.637	6.268	7.064	7.435	8.205	8.677	8.362
SRK 法	0.602	0.803	0.681	0.563	0.120	0.107	0.660	0.947	0.410
DAK 法	3.022	2.572	2.261	1.357	0.737	0.454	0.069	0.466	1.810
DPR 法	2.874	2.257	1.905	1.025	0.480	0.248	0.038	0.480	1.736
BB 法	4.005	3.212	4.561	3.287	1.912	1.256	0.184	0.947	—
Gopal 法	2.578	6.750	5.450	3.010	1.972	1.702	1.550	1.355	—
H-Y 法	3.117	1.799	2.439	1.376	0.626	0.314	0.069	0.552	1.709
Cranmer 法	3.096	1.891	3.228	3.480	4.218	4.643	5.687	6.547	8.301
HTP 法	3.793	8.366	10.840	9.620	10.227	11.111	13.785	16.866	—
LXF 法	—	—	—	0.072	0.463	0.507	0.247	0.079	0.880
ZGD 法	—	—	—	0.788	0.006	0.167	0.117	0.131	1.086

表 3-5　不同方法计算气体偏差因子的平均相对误差表

压力范围	不同方法										
	PR	SRK	DAK	DPR	BB	Gopal	H-Y	Cranmer	HTP	LXF	ZGD
$1.05 \leqslant p_{pr} \leqslant 8$	5.069	0.696	2.618	2.345	3.926	4.926	2.452	2.738	7.667	—	—
$8 < p_{pr} \leqslant 30$	7.668	0.468	0.816	0.668	1.517	1.918	0.774	5.479	12.322	0.375	0.382
整体	6.889	0.536	1.356	1.171	2.320	2.920	1.277	4.657	10.770	—	—

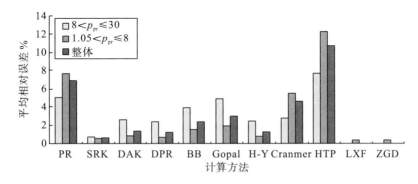

图 3-2　各计算方法与实测值平均相对误差图

从表 3-4、表 3-5 和图 3-2 所示，SRK 方法计算的天然气偏差因子与实测值的误差最小，其平均相对误差为 0.696%；其次是 DPR 法和 HY 法；HTP 法计算结果误差最大，其平均相对误差为 7.667%。因此当 $1.05 \leqslant p_{pr} \leqslant 8$ 时，采用 SRK 方法计算天然气偏差因子最准确。

当 $8 \leqslant p_{pr} \leqslant 30$ 时，LXF 法计算的算的天然气偏差因子与实测值的误差最小，其平均相对误差为 0.375%；其次是 ZGD 法和 SRK 法；HTP 法计算结果误差最大，其平均相对误差为 12.322%。因此当 $8 \leqslant p_{pr} \leqslant 30$ 时，采用 LXF 法计算天然气偏差因子最准确。

从整体看，即当 $1.05 \leqslant p_{pr} \leqslant 30$ 时，由于 LXF 法和 ZGD 法在 $1.05 \leqslant p_{pr} \leqslant 8$ 时不适用。故对比 PR 法、SRK 法、DAK 法、DPR 法、BB 法、Gopal 法、HY 法、Cranmer 法、HTP 法，得出 SRK 方法计算的天然气偏差因子与实测值的误差最小，其平均相对误差为 0.536%；其次是 DPR 法和 HY 法；HTP 法计算结果误差最大，其平均相对误差为 10.770%。

通过上面的分析可知，在 $1.05 \leqslant p_{pr} \leqslant 8$ 区间，采用 SRK 法，在 $8 \leqslant p_{pr} \leqslant 30$ 区间，采用 LXF 法求取的异常高压气藏气体偏差因子最准确。

3.2　天然气黏度

确定天然气黏度最精确的方法是实验法，但其测量工作非常困难，并且测量时间很长。因此，常运用与黏度有关的相关式来确定其大小。在实际的工业运算中，常用 Gonzalez 和 Lee 等提出的天然气黏度计算公式[77]

$$\mu_g = 10^{-4} A e^{X \rho_g^Y} \tag{3-29}$$

$$A = \frac{2.6832 \times 10^{-2} (470 + M_g) T^{1.5}}{116.1111 + 10.5556 M_g + T} \tag{3-30}$$

$$X = 0.01 \left(350 + \frac{54777.78}{T} + M_g \right) \tag{3-31}$$

$$Y = 2.447 - 0.2224 X \tag{3-32}$$

$$\rho_g = \frac{10^{-3} M_g p}{ZRT} \tag{3-33}$$

式中，μ_g——既定温度和压力下天然气的黏度，mPa·s；

　　　M_g——天然气的平均分子量，kg/kmol；

　　　ρ_g——既定温度和压力下天然气的密度，g/cm³；

　　　p——地层压力，MPa；

　　　T——地层温度，K；

　　　R——气体常数，通常取 0.008315 MPa·m³/(kmol·K)；

　　　Z——天然气的偏差因子。

采用上述关系式进行计算得到的黏度值标准偏差为±2.7%。

在 3.1 节的基础上以某异常高压气藏为例，运用 Lee－Gonzalez 关系式研究压力对天然气黏度的影响，得到天然气黏度随压力的变化关系如图 3-3 所示。

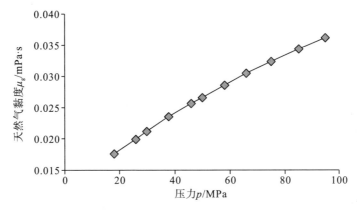

图 3-3　天然气黏度随压力变化关系图

从图 3-3 可以看出，压力对气体黏度有很大影响，气藏原始地层压力（65MPa）下气体黏度为 0.032 mPa·s。随着地层压力的下降，气体黏度下降，开发过程中，气体黏度与地层压力呈较好的线性关系。因此，异常高压水侵气藏开发过程中须考虑天然气黏度随压力的变化。

3.3　天然气体积系数

天然气的体积系数[75]是指气藏压力、温度下天然气的体积与地面标准条件下所占的体积之比，气体的体积可以由气体状态方程表示，故天然气的体积系数计算式可以表示为

$$B_g = \frac{V}{V_{sc}} = \frac{ZTp_{sc}}{T_{sc}p} \qquad (3-34)$$

式中，p_{sc}——地面标准条件下的压力，0.101325 MPa；

　　　T_{sc}——地面标准条件下的温度，293.15 K；

　　　p——地层压力，MPa；

　　　T——温度，K。

天然气体积系数实质是天然气在油气藏条件下所占的体积与同等物质的量的气体在标准状况下所占的体积之比。因此，体积系数描述了当气体质量不变时由于从地下到地面压力、温度的改变所引起的体积变化。

根据 3.1 节优选得到的天然气偏差因子计算方法，以某异常高压气藏为例，

研究天然气体积系数随压力变化的关系如图 3-4。

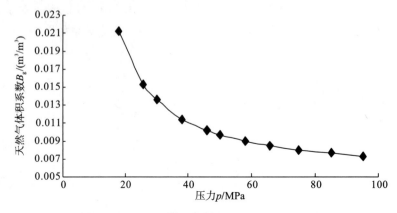

图 3-4　天然气体积系数随压力变化关系图

从图 3-4 可以看出，在气藏原始地层压力（65MPa）下气体体积系数为 0.0080 m³/m³。随着地层压力的下降，天然气体积系数增大，开发早期体积系数增大趋势较缓慢，开发后期体积系数增大趋势较快。

第 4 章　异常高压气藏渗流理论

4.1　异常高压气藏渗流微分方程

异常高压气藏是一类特殊的气藏，在世界上分布极广，具有地压系数高、原始地层压力高的特点。在衰竭式开采过程中，随着气藏的压力下降，气藏的岩石骨架承受的有效应力会大幅度增加，结果会使岩石发生显著的弹塑性形变，岩石渗透率、孔隙度和岩石压缩系数等物性参数减小，这种性质叫做储层的应力敏感。

4.1.1　异常高压气藏应力敏感

位于异常高压带的储层岩石孔隙度通常比正常压力下同类型的岩石孔隙度大，孔隙度的增加往往伴随着岩石其他特征的变化（如渗透率增加、油气体积增大、毛细管压力减小等）。气藏开发中，由于地层压力下降导致有效应力增加，从而使岩石的相关物性特征发生变化（即岩石变形）。由有效应力、上覆压力和地层流体压力的关系可知，异常高压使得储层岩石的原始有效应力降低，且增大了气藏开发过程中有效应力的变化范围，特别是使得有效应力变化的下限降低，这将使得储层岩石变形更加敏感。

关系式为

$$\sigma_e = \sigma_t - p \tag{4-1}$$

式中，σ_e——岩石基质的垂直有效应力，MPa；

　　　σ_t——上覆净岩压力，MPa；

　　　p——地层流体静压，MPa。

4.1.2　异常高压气藏渗透率应力敏感效应

近年来，国内外的许多研究者均在油气储层的应力敏感方面做了不少的实验研究，并且得到岩心渗透率随有效应力的变化关系式。通过实验数据回归分

析，可得到渗透率与有效应力的两种表达方法，即指数式和幂函数式。其中指数表达式如下

$$k = k_0 e^{-\alpha_k(p-p_0)} \tag{4-2}$$

式中，k_0——储层基础渗透率，mD；

k——有效应力 p 下的渗透率，mD；

p——压力，MPa；

p_0——平均地层压力，MPa；

α_k——应力敏感系数，MPa^{-1}。

其中，α_k 由实验数据获得，其物理意义为压力下降一定数值时渗透率的损失百分数。α_k 越大，应力敏感性越强。当 $\alpha_k = 0$ 时，即不存在应力敏感，此时 k 为常数，且等于地面条件下的渗透率值。

4.1.3 考虑渗透率变化的渗流微分方程

1. 气体状态方程

异常高压气体分子彼此间靠得很紧密，分子本身的体积已影响到气体所占的容积。此外，当压力升高时，气体彼此接近而产生斥力；而当压力降低，分子间距离稍远时则产生引力，这都会影响到气体所占有效容积的大小。因此，实际气体的状态方程会产生一定的偏差

$$pV = ZnRT \tag{4-3}$$

式中，p——气体压力，MPa；

V——气体体积，m^3；

Z——气体偏差因子；

n——气体摩尔量，kmol；

R——气体常数，0.008314MPa/(kmol·k)；

T——气体绝对温度，K。

2. 连续性方程

利用质量守恒原理，对于单相流体渗流，连续性方程的广义形式是

$$\nabla \cdot (\rho v) = -\frac{(\phi\rho)}{t} \tag{4-4}$$

式中，ϕ——孔隙度，无因次；

ρ——流体密度，kg/m^3；

v——流体流动速度，m/s；

t——时间，s。

把上式展开为偏微分形式

$$\frac{\partial(\rho v_x)}{\partial x} + \frac{\partial(\rho v_y)}{\partial y} + \frac{\partial(\rho v_z)}{\partial z} = -\frac{\partial(\phi\rho)}{\partial t} \tag{4-5}$$

对于异常高压气藏，考虑渗透率应力敏感特性

$$k = k_0 e^{-\alpha_k(p-p_0)} \tag{4-6}$$

展开第一项，并变形为

$$\frac{\partial(\rho v_x)}{\partial x} = -\frac{k_0\rho}{\mu} \frac{e^{-\alpha_k p_0}}{\alpha_k} \frac{\partial^2 e^{\alpha_k p}}{\partial x^2} \tag{4-7}$$

同理可得

在 y、z 方向上

$$\frac{\partial(\rho v_y)}{\partial y} = -\frac{k_0\rho}{\mu} \frac{e^{-\alpha_k p_0}}{\alpha_k} \frac{\partial^2 e^{\alpha_k p}}{\partial y^2} \tag{4-8}$$

$$\frac{\partial(\rho v_z)}{\partial z} = -\frac{k_0\rho}{\mu} \frac{e^{-\alpha_k p_0}}{\alpha_k} \frac{\partial^2 e^{\alpha_k p}}{\partial z^2} \tag{4-9}$$

进一步化简整理得

$$\frac{e^{-\alpha_k p_0}}{\alpha_k}\left(\frac{\partial^2 e^{\alpha_k p}}{\partial x^2} + \frac{\partial^2 e^{\alpha_k p}}{\partial y^2} + \frac{\partial^2 e^{\alpha_k p}}{\partial z^2}\right) = 0 \tag{4-10}$$

式中，α_k——应力敏感系数，MPa^{-1}；

　　　p——地层流体静压，MPa；

　　　k——储层渗透率，mD；

　　　k_0——初始渗透率，mD；

　　　p_0——平均地层压力，MPa。

方程(4-10)即为异常高压气藏考虑应力敏感的连续性方程。

3. 实际气体的渗流微分方程

异常高压气体属于真实气体，应把实际气体的状态方程式(4-3)代入连续性方程，即(4-5)式中。

由达西定律有

$$v_x = -\frac{k}{\mu}\frac{\partial p}{\partial x},\ v_y = -\frac{k}{\mu}\frac{\partial p}{\partial y},\ v_z = -\frac{k}{\mu}\frac{\partial p}{\partial z} \tag{4-11}$$

故

$$\frac{\partial\left[\rho\left(-\dfrac{K}{\mu}\right)\dfrac{\partial p}{\partial x}\right]}{\partial x} = \frac{\partial\left[\dfrac{mp}{ZnRT}\left(-\dfrac{K}{\mu}\right)\dfrac{\partial p}{\partial x}\right]}{\partial x} = \frac{\partial\left[\dfrac{mp}{ZnRT}\left(-\dfrac{k_0 e^{-\alpha_k(p-p_0)}}{\mu}\right)\dfrac{\mathrm{d}p}{\mathrm{d}x}\right]}{\partial x}$$

$$= -\frac{k_0 \mathrm{e}^{-\alpha_k p_0}}{\alpha_k \mu} \frac{m}{nRT} \frac{\partial \left(\frac{p}{Z} \frac{\partial \mathrm{e}^{\alpha_k p}}{\partial x} \right)}{\partial x}$$

$$\frac{\partial \left(\frac{p}{Z} \frac{\partial \mathrm{e}^{\alpha_k p}}{\partial x} \right)}{\partial x} = \frac{p}{Z} \left(\frac{1}{p} - \frac{1}{Z} \frac{\partial Z}{\partial p} \right) \frac{\partial p}{\partial x} \cdot \frac{\partial \mathrm{e}^{\alpha_k p}}{\partial x} + \frac{p}{Z} \frac{\partial^2 \mathrm{e}^{\alpha_k p}}{\partial x^2} \tag{4-12}$$

式中，m——气体的真实质量；

令 $c = \frac{1}{p} - \frac{1}{Z} \frac{\partial Z}{\partial p}$，则上式化为

$$\frac{\partial \left(\frac{p}{Z} \frac{\partial \mathrm{e}^{\alpha_k p}}{\partial x} \right)}{\partial x} = c \frac{p}{Z} \frac{\partial p}{\partial x} \cdot \frac{\partial \mathrm{e}^{\alpha_k p}}{\partial x} + \frac{p}{Z} \frac{\partial^2 \mathrm{e}^{\alpha_k p}}{\partial x^2} \tag{4-13}$$

同理可知

$$\frac{\partial \left(\frac{p}{Z} \frac{\partial \mathrm{e}^{\alpha_k p}}{\partial y} \right)}{\partial y} = c \frac{p}{Z} \frac{\partial p}{\partial y} \cdot \frac{\partial \mathrm{e}^{\alpha_k p}}{\partial y} + \frac{p}{Z} \frac{\partial^2 \mathrm{e}^{\alpha_k p}}{\partial y^2} \tag{4-14}$$

$$\frac{\partial \left(\frac{p}{Z} \frac{\partial \mathrm{e}^{\alpha_k p}}{\partial z} \right)}{\partial z} = c \frac{p}{Z} \frac{\partial p}{\partial z} \cdot \frac{\partial \mathrm{e}^{\alpha_k p}}{\partial z} + \frac{p}{Z} \frac{\partial^2 \mathrm{e}^{\alpha_k p}}{\partial z^2} \tag{4-15}$$

假设异常高压气藏中气体符合线性渗流规律，渗流是等温的不稳定渗流过程。简化整理得

$$c \left[\left(\frac{\partial p}{\partial x} \right)^2 + \left(\frac{\partial p}{\partial y} \right)^2 + \left(\frac{\partial p}{\partial z} \right)^2 \right] + \alpha_k \left[\frac{\partial^2 p}{\partial x^2} + \frac{\partial^2 p}{\partial y^2} + \frac{\partial^2 p}{\partial z^2} \right] + \alpha_k^2 \left[\frac{\partial p}{\partial x} + \frac{\partial p}{\partial y} + \frac{\partial p}{\partial z} \right] = 0$$

$$\tag{4-16}$$

上式即是异常高压气藏考虑应力敏感的不稳定渗流微分方程。

4.2 异常高压气井产能分析

4.2.1 常规气井的产能分析

1. 稳定状态流动的产能方程

假设有一水平等厚均质气层，气体径向流入中心井底，服从达西定律的气体平面径向流，气井产能为(标准状态下取 $T_{sc} = 293$ K，$q_{sc} = 0.101325\mathrm{MPa}$)

$$2 \times \frac{774.6 kh}{q_{sc} T} \int_{p_{wf}}^{p} \frac{p}{\mu Z} = \ln \frac{r}{r_w} \tag{4-17}$$

式中，h——气层有效厚度，m；

q_{sc}——标准状况下的产气量，m^3/d；

k——储层渗透率，$10^{-3}\mu m^2$；

μ——气体平均黏度，$mPa \cdot s$；

Z——天然气平均偏差因子；

T——气藏温度，K；

r_w——井底半径，m；

r——距离井轴心半径，m；

p——r 处的压力，MPa；

p_{wf}——井底流压，MPa。

其拟压力表示式为

$$q_{sc} = \frac{774.6kh(\psi - \psi_{wf})}{T\ln\dfrac{r}{r_w}} \tag{4-18}$$

其中，

$$\psi = 2\int_{p_0}^{p} \frac{p}{\mu Z}dp \tag{4-19}$$

根据平均压力方法，取气藏平均压力 $\bar{p} = (p_i + p_w)/2$，用 $\bar{p}$ 去求天然气平均黏度 $\bar{\mu}$ 和平均偏差因子 $\bar{Z}$，并认为在积分范围内位常数，可移除积分号，可推得如下的气井产能方程。

$$2\frac{774.6kh}{q_{sc}T\bar{\mu}\bar{Z}}\int_{p_{wf}}^{p} p = \ln\frac{r}{r_w} \tag{4-20}$$

可得压力平方式

$$q_{sc} = \frac{774.6kh(p_e^2 - p_{wf}^2)}{T\bar{\mu}\bar{Z}\ln\dfrac{r}{r_w}} \tag{4-21}$$

2. 考虑表皮效应及非达西下的产能方程

以上公式都把整个气藏视为均质，从外边界到井底渗透率都没有任何变化，实际上钻井过程的钻井液污染，都会使得近井储层的渗透性变坏。当气体流入井底时，经过该近井带就要多消耗一些压力，相当于一个正的压降。反之，近井附近的渗透性变好，就相当于引入负压降。表皮系数用 S 表示。

而气体高速流入井底，井轴周围的流动相当于紊流流动，形成非达西流。用非达西系数 D 来修正。

常用计算公式

$$D = 2.191 \times 10^{-18} \frac{\beta\gamma_g k}{\bar{\mu}hr_w} \tag{4-22}$$

$$\beta = 7.644 \times 10^{10}/k^{1.5} \qquad (4\text{-}23)$$

式中，k——储层渗透率，mD；

　　　β——孔隙介质紊流影响系数，m^{-1}；

　　　γ_g——气体相对密度，无因次；

　　　$\bar{\mu}$——气体平均黏度，$\mathrm{mPa \cdot s}$；

　　　h——气层有效厚度，m；

　　　r_w——井底半径，m。

拟压力形式

$$q_{sc} = \frac{774.6kh(\psi - \psi_{wf})}{T(\ln \dfrac{r}{r_w} + S + Dq_{sc})} \qquad (4\text{-}24)$$

压力平方形式

$$q_{sc} = \frac{774.6kh(p_e^2 - p_{wf}^2)}{T\bar{\mu}\bar{Z}(\ln \dfrac{r}{r_w} + S + Dq_{sc})} \qquad (4\text{-}25)$$

式中，S——表皮因子，

　　　D——非达西流系数，$(\mathrm{m^3/d})^{-1}$。

　　　ψ——地层似压力，$\mathrm{MPa^2/(mPa \cdot s)}$

　　　ψ_{wf}——井底拟压力，$\mathrm{MPa^2/(mPa \cdot s)}$

　　　P_e——地层压力，MPa；

　　　P_{wf}——井底流压，MPa。

3. 拟稳定状态流动的产能方程

在气井定量生产的较长时间内，层内各点压力随时间的变化相同，处于拟稳态状态。

同理考虑表皮效应及非达西流动的拟稳态产能方程为

$$q_{sc} = \frac{774.6kh(\bar{\psi} - \psi_{wf})}{T\left(\ln \dfrac{0.472r_e}{r_w} + S + Dq_{sc}\right)} \qquad (4\text{-}26)$$

式中，$\bar{\psi}$——平均地层拟压力，$\mathrm{MPa^2/(mPa \cdot s)}$。

压力平方形式

$$q_{sc} = \frac{774.6kh(\bar{p}_R^2 - p_{wf}^2)}{T\bar{\mu}\bar{Z}\left(\ln \dfrac{0.472r_e}{r_w} + S + Dq_{sc}\right)} \qquad (4\text{-}27)$$

式中，$\bar{p}_R$——平均地层压力，MPa。

4.2.2　修正的异常高压气井产能分析

异常高压气藏具有显著的应力敏感性，用常规的气藏产能评价方法评价其产能会产生偏差。因此，有必要对产能方程进行一定的改进，将储层渗透率应力敏感性考虑到产能方程里去。

通过实验数据回归分析，可得到渗透率与有效应力的 3 种表达式：

指数式 1

$$k = k_i e^{-\alpha_k(p_i - p)} \tag{4-28}$$

指数式 2

$$k = k_i (p/p_i)^{\beta_k} \tag{4-29}$$

幂函数

$$k = k_0 (p_u - p)^{-m} \tag{4-30}$$

式中，p、p_i、p_u——目前压力、原始地层压力、上覆岩层压力，MPa；

　　　k、k_i——目前压力、原始地层压力下的渗透率，mD；

　　　k_0——空气渗透率，mD；

　　　α_k——渗透率变化系数，MPa^{-1}；

　　　β_k——渗透率变化系数；

　　　m——系数，无因次。

1. 直井的气井产能方程修正

1)渗透率应力敏感效应呈指数式 1 变化时的气井产能方程

由平均压力求取的达西公式可得

$$\frac{dp}{dr} = \frac{12.734\bar{\mu}\bar{Z}T}{2pkh} q_{sc} \frac{1}{r} \tag{4-31}$$

当考虑储层渗透率应力敏感关系式时，由上式变形得

$$2p e^{-\alpha_k(p_i-p)} dp = \frac{12.734\bar{\mu}\bar{Z}T}{k_i h} q_{sc} \frac{1}{r} dr \tag{4-32}$$

式中，p、p_i——目前压力、原始地层压力，MPa；

　　　k_i——原始地层压力下的渗透率，$10^{-3}mD$；

　　　r——半径，m；

　　　$\bar{\mu}$——平均压力下的气体黏度，mPa·s；

　　　$\bar{Z}$——平均压力下的气体偏差因子；

　　　h——地层厚度，m；

T——地层温度，K；

q_{sc}——气体产量，$10^4 \text{m}^3/\text{d}$；

α_k——渗透率变化系数，MPa^{-1}。

对上式两端进行积分得

$$q_{sc} = \frac{\dfrac{2(\alpha_k p_i - 1)}{\alpha_k^2} - \dfrac{2(\alpha_k p_{wf} - 1)}{\alpha_k^2} e^{-\alpha_k(p_i - p_{wf})}}{\dfrac{1.2734 \times 10^{-3} \bar{\mu} \bar{Z} T}{k_i h}\left(\ln \dfrac{r_e}{r_w}\right)} \quad (4\text{-}33)$$

式中，p_{wf}——井底流动压力，MPa；

r_e、r_w——供给半径、井半径，m。

式(4-34)就是考虑储层渗透率应力敏感关系呈式的指数形式时的气井稳定达西流动产能方程。

当考虑表皮系数 S 的影响时，变为

$$q_{sc} = \frac{\dfrac{2(\alpha_k p_i - 1)}{\alpha_k^2} - \dfrac{2(\alpha_k p_{wf} - 1)}{\alpha_k^2} e^{-\alpha_k(p_i - p_{wf})}}{\dfrac{1.2734 \times 10^{-3} \bar{\mu} \bar{Z} T}{k_i h}\left(\ln \dfrac{r_e}{r_w} + S\right)} \quad (4\text{-}34)$$

若再考虑高速非达西流动的影响，式化为

$$q_{sc} = \frac{\dfrac{2(\alpha_k p_i - 1)}{\alpha_k^2} - \dfrac{2(\alpha_k p_{wf} - 1)}{\alpha_k^2} e^{-\alpha_k(p_i - p_{wf})}}{\dfrac{1.2734 \times 10^{-3} \bar{\mu} \bar{Z} T}{k_i h}\left(\ln \dfrac{r_e}{r_w} + S + D q_{sc}\right)} \quad (4\text{-}35)$$

式中，D——非达西流系数，$(10^4 \text{m}^3/\text{d})^{-1}$。

在式中，非达西流动系数 D 中未考虑应力敏感效应导致的渗透率变化对紊流效应的影响。

同理，可导出拟稳定流动状态的气井产能公式

$$q_{sc} = \frac{\dfrac{2(\alpha_k p_i - 1)}{\alpha_k^2} - \dfrac{2(\alpha_k p_{wf} - 1)}{\alpha_k^2} e^{-\alpha_k(p_i - p_{wf})}}{\dfrac{1.2734 \times 10^{-3} \bar{\mu} \bar{Z} T}{k_i h}\left(\ln \dfrac{r_e}{r_w} - 0.75 + S + D q_{sc}\right)} \quad (4\text{-}36)$$

2)渗透率应力敏感效应呈指数式 2 变化时的气井产能方程

同理，有

$$q_{sc} = \frac{\dfrac{2}{2+\beta_k}\left[p_i^2 - \dfrac{p_{wf}^{2+\beta_k}}{p_i^{\beta_k}}\right]}{\dfrac{12.734 \bar{\mu} \bar{Z} T}{k_i h}\left(\ln \dfrac{r_e}{r_w}\right)} \quad (4\text{-}37)$$

式中，β_k——渗透率变化系数，由试验研究确定。

当考虑表皮效应与高速非达西流动效应影响时，上式可化为

$$q_{sc} = \frac{\dfrac{2}{2+\beta_k}\left(p_i^2 - \dfrac{p_{wf}^{2+\beta_k}}{p_i^{\beta_k}}\right)}{\dfrac{12.734\bar{\mu}\bar{Z}T}{k_i h}\left(\ln\dfrac{r_e}{r_w} + S + Dq_{sc}\right)} \tag{4-38}$$

同理，可导出拟稳定流动状态的气井产能公式

$$q_{sc} = \frac{\dfrac{2}{2+\beta_k}\left(p_i^2 - \dfrac{p_{wf}^{2+\beta_k}}{p_i^{\beta_k}}\right)}{\dfrac{1.2734\times10^{-3}\bar{\mu}\bar{Z}T}{k_i h}\left(\ln\dfrac{r_e}{r_w} - 0.75 + S + Dq_{sc}\right)} \tag{4-39}$$

3)渗透率应力敏感效应呈幂函数变化时的气井产能方程

同理，有

$$q_{sc} = \frac{2\left[\dfrac{p_{wf}(p_u-p_{wf})^{1-m} - p_i(p_u-p_i)^{1-m}}{1-m} + \dfrac{(p_u-p_{wf})^{2-m} - (p_u-p_i)^{2-m}}{(1-m)(2-m)}\right]}{\dfrac{12.734\bar{\mu}\bar{Z}T}{k_i h}\left(\ln\dfrac{r_e}{r_w}\right)} \tag{4-40}$$

再考虑表皮因子及非达西流，求出考虑渗透率应力敏感性的稳态产能公式为

$$q_{sc} = \frac{2\left[\dfrac{p_{wf}(p_u-p_{wf})^{1-m} - p_i(p_u-p_i)^{1-m}}{1-m} + \dfrac{(p_u-p_{wf})^{2-m} - (p_u-p_i)^{2-m}}{(1-m)(2-m)}\right]}{\dfrac{12.734\bar{\mu}\bar{Z}T}{k_i h}\left(\ln\dfrac{r_e}{r_w} + S + Dq_{sc}\right)} \tag{4-41}$$

同理，可导出拟稳定流动状态下的产能公式

$$q_{sc} = \frac{2\left[\dfrac{p_{wf}(p_u-p_{wf})^{1-m} - p_i(p_u-p_i)^{1-m}}{1-m} + \dfrac{(p_u-p_{wf})^{2-m} - (p_u-p_i)^{2-m}}{(1-m)(2-m)}\right]}{\dfrac{12.734\bar{\mu}\bar{Z}T}{k_i h}\left(\ln\dfrac{r_e}{r_w} - 0.75 + S + Dq_{sc}\right)} \tag{4-42}$$

2. 异常高压水平井产能方程修正

郭肖、伍勇[75]等人引入图 4-1 所示变换，将 Z 平面上长半轴为 a、短半轴为 b 的椭圆形区域变换成 ω 平面上半径为 $2(a+b)/L$ 的圆形区域，将线段 $(-L/2,0)$ 到 $(L/2,0)$ 映射成单位圆周。在 ω 平面上的流动，可以认为是半径 $2(a+b)/L$ 的圆形供给区域内有一口半径为 1 的直井的情形。气层厚度为 h，椭

圆性质 $b = \sqrt{a^2 - (L/2)^2}$ 。

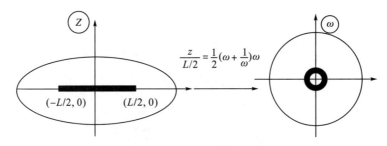

$$\frac{z}{L/2} = \frac{1}{2}(\omega + \frac{1}{\omega})\omega$$

$(-L/2, 0)$ $(L/2, 0)$

图 4-1 水平平面变换关系

应力敏感效应呈指数式变化时的修正水平井气井产能方程为

$$q_{sc} = \pi h \frac{T_{sc}}{p_{sc}T} \frac{k_i e^{-\alpha_k(p-p_{wf})}}{Z\mu_g} \frac{p_e^2 - p_{wf}^2}{\ln \dfrac{a + \sqrt{a^2 - (L/2)^2}}{L/2}} \qquad (4\text{-}43)$$

式中，q_{sc}——标准状况下的气井产量，m^3/s；

　　K——气层的渗透率，mD；

　　h——气层厚度，m；

　　T_{sc}——标准状况下的温度，K；

　　p_{sc}——标准状况下的压力，MPa；

　　T——气层温度，K；

　　μ_g——气体黏度，$MPa \cdot s$；

　　μ_{sc}——标准状况下的气体黏度，$MPa \cdot s$；

　　Z——平均地层压力及温度下的气体偏差因子；

　　L——水平井段长度，m；

　　a——渗流椭圆面长半轴长，m。

其中，

$$a = 0.5L \left[0.5 + \sqrt{0.25 + (2r_e/4)^4} \right]^{0.5} \qquad (4\text{-}44)$$

引入保角变换计算垂直水平井气体流量，通过变化处理得到垂直平面水平井气体流量为

$$q_{sc} = \pi h \frac{T_{sc}}{p_{sc}T} \frac{K_i e^{-\alpha_k(p-p_{wf})}}{Z\mu_g} \frac{p_e^2 - p_{wf}^2}{\ln \dfrac{h}{2\pi r_w}} \qquad (4\text{-}45)$$

取标准状态下 $T_{sc} = 293$ K，$p_{sc} = 0.101325$MPa，式(4-45)变为

$$q_{sc} = \frac{774.6h}{T} \frac{k_i e^{-\alpha_k(p-p_{wf})}}{Z\mu_g} \frac{p_e^2 - p_{wf}^2}{\ln \dfrac{h}{2\pi r_w}} \qquad (4\text{-}46)$$

应用电模拟原理，忽略各向异性影响，在考虑应力敏感情况下水平井压力平方形式的气体产量公式为

$$q_{sc} = \frac{774.6h}{T} \frac{k_i e^{-\alpha_k(p-p_{wf})}}{Z\mu_g} \frac{p_e^2 - p_{wf}^2}{\ln\dfrac{a+\sqrt{a^2-(L/2)^2}}{L/2} + \dfrac{h}{L}\ln\dfrac{h}{2\pi r_w}} \quad (4\text{-}47)$$

根据拟压力定义，将上式转换可得下面的拟压力形式水平气井产能方程

$$q_{sc} = \frac{774.6h}{T} \frac{k_i e^{-\alpha_k(p-p_{wf})}}{Z\mu_g} \frac{\psi_e^2 - \psi_{wf}^2}{\ln\dfrac{a+\sqrt{a^2-(L/2)^2}}{L/2} + \dfrac{h}{L}\ln\dfrac{h}{2\pi r_w}} \quad (4\text{-}48)$$

【实例计算】迪那 2 气田属于典型的异常高压气藏，平均地层压力为107.31MPa，平均地层温度达 414.05 K，压力系数为 2.06～2.29。迪那 2 气田某井 E1-2 km2 层资料：地层温度达 414.05 K，井底压力 106.74，地层渗透率 0.56×10^{-3} mD，地层厚度 47 m，天然气相对密度 0.63，天然气偏差因子 2.002，天然气黏度 0.056 mPa.s，井半径 0.1 m，供给半径 1000 m，渗透率应力敏感系数取（$\alpha_k=0.005$）为基础。由式(4-21)、式(4-25)和式(4-35)可计算出考虑渗透率应力敏感效应和不考虑渗透率应力敏感效应、考虑高速非达西效应和不考虑高速非达西效应的气井流入动态关系曲线如图 4-2 所示。由图 4-2 可知，渗透率应力敏感效应和高速非达西效应对气井的产能有显著的影响，影响程度与渗透率应力敏感效应和非达西流效应的强弱有关。

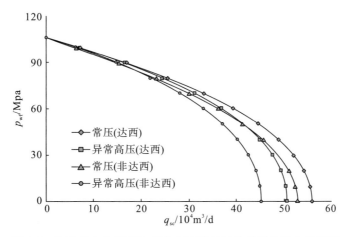

图 4-2　渗透率应力敏感和高速非达西对气井产能的影响关系图

图 4-3 为渗透率应力敏感参数 α_k 对气井产能的影响关系图。从图 4-3 中可以看出，渗透率应力敏感参数 α_k 越大，气井的产能越低，即渗透率应力敏感效应越强，气井产能越低。在所给参数条件下，当生产压差在地层压力的 10% 以

内时，渗透率应力敏感效应导致的气井产量的降低不会超过 10%，但随着压差的增大，气井产量的降低程度将可达 40%。

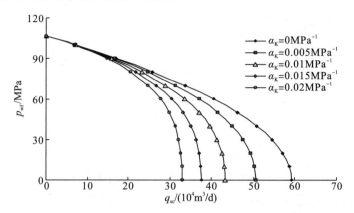

图 4-3　渗透率应力敏感参数 α_k 对气井产能的影响关系图

假设在相同层位有一水平井，其他物性参数不变，渗流区域长半径仍未 1000 m，水平井半径为 0.1 m，水平井段长分别为 100 m，200 m，400 m，800 m。

由式(4-48)可计算出不考虑渗透率应力敏感效应、考虑渗透率应力敏感效应及不同渗透率应力敏感程度的水平气井流入动态关系曲线如图 4-4、图 4-5、图 4-6所示。

当介质变形系数取 $\alpha_k=0.001\text{MPa}^{-1}$，对应不同水平段长度的水平气井产量比不考虑压敏效应分别降低了 10%～20%。水平段长度不变，但当介质变形系数增加，则水平井产能影响很明显，即压力敏感效应对水平气井产量影响强烈。

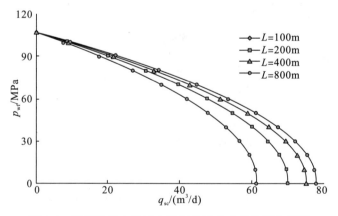

图 4-4　常压无应力敏感水平气井流入动态关系曲线图

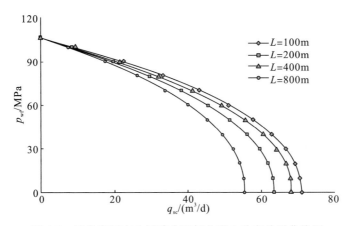

图 4-5　异常高压应力敏感水平气井流入动态关系曲线图

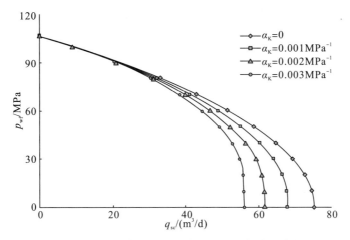

图 4-6　异常高压不同应力敏感程度水平气井流入动态关系曲线图($L=400$ m)

4.3　考虑渗透率应力敏感效应的油气藏不稳定 试井分析理论

4.3.1　应力敏感地层油气渗流基本方程

由运动方程、状态方程和物质平衡方程可以建立起考虑渗透率应力敏感(即认为渗透率是随压力变化而变化的)时的渗流微分基本方程应为
油井

$$\frac{1}{r}\frac{\partial}{\partial r}\left(rk\frac{\partial p}{\partial r}\right)=\frac{\varphi\mu_{\mathrm{o}}C_{\mathrm{t}}}{3.6}\frac{\partial p}{\partial t}\qquad(4\text{-}49)$$

气井

$$\frac{1}{r}\frac{\partial}{\partial r}\left(rk\frac{\partial \psi}{\partial r}\right) = \frac{\varphi \mu_{\mathrm{o}} C_{\mathrm{t}}}{3.6}\frac{\partial \psi}{\partial t} \tag{4-50}$$

为了进一步对上述两式进行展开，我们定义渗透率模量为

油井

$$\gamma = \frac{1}{k}\frac{\partial k}{\partial p} \tag{4-51}$$

气井

$$\gamma = \frac{1}{k}\frac{\partial k}{\partial \psi} \tag{4-52}$$

对上式进行积分得

油井

$$k = k_{\mathrm{i}}\mathrm{e}^{-\gamma(p_{\mathrm{i}}-p)} \tag{4-53}$$

气井

$$k = k_{\mathrm{i}}\mathrm{e}^{-\gamma(\psi_{\mathrm{i}}-\psi)} \tag{4-54}$$

式中，p_{i}——原始地层压力，MPa；

　　　k_{i}——原始地层压力下的储层渗透率，mD；

　　　ψ_{i}——原始地层压力下的气体拟压力。

将式(4-53)、式(4-54)代入式(4-49)、式(4-50)得

油井

$$\frac{1}{r}\frac{\partial}{\partial r}\left(r\frac{\partial p}{\partial r}\right) + \gamma \left(\frac{\partial p}{\partial r}\right)^2 = \frac{\varphi \mu_{\mathrm{o}} C_{\mathrm{t}}}{3.6 k_{\mathrm{i}}}\mathrm{e}^{\gamma(p_{\mathrm{i}}-p)}\frac{\partial p}{\partial t} \tag{4-55}$$

气井

$$\frac{1}{r}\frac{\partial}{\partial r}\left(r\frac{\partial \psi}{\partial r}\right) + \gamma \left(\frac{\partial \psi}{\partial r}\right)^2 = \frac{\varphi \mu_{\mathrm{g}} C_t}{3.6 k_{\mathrm{i}}}\mathrm{e}^{\gamma(\psi_{\mathrm{i}}-\psi)}\frac{\partial \psi}{\partial t} \tag{4-56}$$

式(4-55)、式(4-56)就是应力敏感地层油气渗流基本微分方程。从方程式中，我们可以看出，该方程是一个非线性很强的偏微分方程，直接求解是无法进行的，要获得其解析解，需要对方程式进行线性化处理。

4.3.2　数学模型及解

1. 定义无因次变量

1)无因次压力油井

$$p_{\mathrm{D}} = \frac{k_{\mathrm{i}}h}{1.842 \times 10^{-3}q_{\mathrm{o}}B_{\mathrm{o}}\mu_{\mathrm{o}}}\Delta p \tag{4-57}$$

气井

$$p_D = \frac{78.55k_ih}{q_gT}\Delta\psi(p) \tag{4-58}$$

2）无因次时间

$$t_D = \frac{3.6k_it}{\varphi\mu C_t r_w^2} \tag{4-59}$$

3）无因次距离

$$r_D = \frac{r}{r_w} \tag{4-60}$$

4）无因次渗透率模量

油井

$$\gamma_D = \frac{q_gT}{78.55k_ih}\gamma \tag{4-61}$$

气井

$$\gamma_D = \frac{1.842\times10^{-3}q_oB_o\mu_o}{k_ih}\gamma \tag{4-62}$$

5）无因次井筒储存系数

$$C_D = \frac{C}{2\pi h\phi C_t r_w^2} \tag{4-63}$$

2. 试井解释数学模型

将上述无因次变量代入渗流微分方程，再加上内外边界条件和初始条件，可得到以下试井解释数学模型

$$\begin{cases} \dfrac{1}{r_D}\dfrac{\partial}{\partial r_D}\left(r_D\dfrac{\partial p_D}{\partial r_D}\right) - \gamma_D\left(\dfrac{\partial p_D}{\partial r_D}\right)^2 = e^{\gamma_D p_D}\dfrac{\partial p_D}{\partial t_D} \\[3mm] p_D(r_D,0) = 0 \\[3mm] C_D\dfrac{\mathrm{d}p_{wD}}{\mathrm{d}t_D} - \left(r_D e^{-\gamma_D p_D}\dfrac{\partial p_D}{\partial r_D}\right)_{r_D=1} = 1 \\[3mm] p_{wD} = \left[p_D - Sr_D e^{-\gamma_D p_D}\dfrac{\partial p_D}{\partial r_D}\right]_{r_D=1} \\[3mm] \lim_{r_D\to\infty} p_D(r_D,t_D) = 0 \end{cases} \tag{4-64}$$

引入变换式

$$p_D(r_D, t_D) = -\frac{1}{\gamma_D}\ln[1 - \gamma_D\eta_D(r_D, t_D)] \tag{4-65}$$

于是，式(4-64)中井筒储存效应内边界条件和表皮效应内边界条件转化为

$$\frac{C_D}{1 - \gamma_D\eta_{wD}}\frac{\mathrm{d}\eta_{wD}}{\mathrm{d}t_D} - \left(r_D\frac{\partial\eta_D}{\partial r_D}\right)_{r_D=1} = 1 \tag{4-66}$$

$$-\frac{1}{\gamma_D}\ln(1 - \gamma_D\eta_{wD}) = \left[-\frac{1}{\gamma_D}\ln(1 - \gamma_D\eta_D) - Sr_D\frac{\partial\eta_D}{\partial r_D}\right]_{r_D=1} \tag{4-67}$$

应用以下各式摄动技术变换式

$$\eta_D = \eta_{0D} + \gamma_D\eta_{1D} + \gamma_D^2\eta_{2D} + \cdots \tag{4-68}$$

$$\frac{1}{1 - \gamma_D\eta_{wD}} = 1 + \gamma_D\eta_{wD} + \gamma_D^2\eta_{wD}^2 + \cdots \tag{4-69}$$

$$-\frac{1}{\gamma_D}\ln(1 - \gamma_D\eta_D) = \eta_D + \frac{1}{2}\gamma_D\eta_D^2 + \cdots \tag{4-70}$$

$$-\frac{1}{\gamma_D}\ln(1 - \gamma_D\eta_{wD}) = \eta_{wD} + \frac{1}{2}\gamma_D\eta_{wD}^2 + \cdots \tag{4-71}$$

考虑到较小无因次渗透率模量，只要取零阶摄动解即可，于是有

$$\frac{1}{r_D}\frac{\partial}{\partial r_D}\left(r_D\frac{\partial\eta_{0D}}{\partial r_D}\right) = \frac{\partial\eta_{0D}}{\partial t_D} \tag{4-72}$$

$$\eta_{0D}(r_D, 0) = 0 \tag{4-73}$$

$$C_D\frac{\mathrm{d}\eta_{0wD}}{\mathrm{d}t_D} - \left(r_D\frac{\partial\eta_{0D}}{\partial r_D}\right)_{r_D=1} = 1 \tag{4-74}$$

$$\eta_{0wD} = \left[\eta_{0D} - Sr_D\frac{\partial\eta_{0D}}{\partial r_D}\right]_{r_D=1} \tag{4-75}$$

$$\lim_{r_D\to\infty}\eta_{0D}(r_D, t_D) = 0 \tag{4-76}$$

对式(4-72)~式(4-76)进行 Laplace 变换，可得其 Laplace 空间解

$$\bar{\eta}_{0wD} = \frac{K_0(\sqrt{u}) + S\sqrt{u}K_1(\sqrt{u})}{u[\sqrt{u}K_1(\sqrt{u}) + C_Du(K_0(\sqrt{u}) + S\sqrt{u}K_1(\sqrt{u}))]} \tag{4-77}$$

式中，K_0，K_1——零阶、一阶修正贝塞尔函数；

S——Laplace 变量。

于是，可得井底无因次压力为

$$p_{wD} = -\frac{1}{\gamma_D}\ln\{1 - \gamma_DL^{-1}[\bar{\eta}_{0wD} + O(\gamma_D)]\} \tag{4-78}$$

式中，L^{-1}——Laplace 逆变换。

利用同样的方法，可以获得均质油气藏圆形封闭和圆形恒压外边界的解如下：

1)圆形封闭外边界解

$$p_{wD} = -\frac{1}{\gamma_D} \ln\{1 - \gamma_D L^{-1}[\bar{\eta}_{0wD} + O(\gamma_D)]\} \tag{4-79}$$

$$\bar{\eta}_{0wD} = \frac{E(r_D = 1) + S\sqrt{u}F(r_D = 1)}{u\{\sqrt{u}F(r_D = 1) + C_D u(E(r_D = 1) + S\sqrt{u}F(r_D = 1))\}} \tag{4-80}$$

$$E(r_D) = \frac{I_0(\sqrt{u}\,r_D)K_1(\sqrt{u}\,r_{eD}) + K_0(\sqrt{u}\,r_D)I_1(\sqrt{u}\,r_{eD})}{I_1(\sqrt{u}\,r_{eD})} \tag{4-81}$$

$$F(r_D) = \frac{-I_1(\sqrt{u}\,r_D)K_1(\sqrt{u}\,r_{eD}) + K_1(\sqrt{u}\,r_D)I_1(\sqrt{u}\,r_{eD})}{I_1(\sqrt{u}\,r_{eD})} \tag{4-82}$$

2)圆形恒压外边界解

$$p_{wD} = -\frac{1}{\gamma_D} \ln\{1 - \gamma_D L^{-1}[\bar{\eta}_{0wD} + O(\gamma_D)]\} \tag{4-83}$$

$$\bar{\eta}_{0wD} = \frac{E(r_D = 1) + S\sqrt{u}F(r_D = 1)}{u\{\sqrt{u}F(r_D = 1) + C_D u(E(r_D = 1) + S\sqrt{u}F(r_D = 1))\}} \tag{4-84}$$

$$E(r_D) = \frac{-I_0(\sqrt{u}\,r_D)K_0(\sqrt{u}\,r_{eD}) + K_0(\sqrt{u}\,r_D)I_0(\sqrt{u}\,r_{eD})}{I_0(\sqrt{u}\,r_{eD})} \tag{4-85}$$

$$F(r_D) = \frac{I_1(\sqrt{u}\,r_D)K_0(\sqrt{u}\,r_{eD}) + K_1(\sqrt{u}\,r_D)I_0(\sqrt{u}\,r_{eD})}{I_0(\sqrt{u}\,r_{eD})} \tag{4-86}$$

4.3.3 典型曲线特征分析

通过 Laplace 数值反演方法可将以上解析解转化为实空间的数值解。我们取 $C_D e^{2S}$、γ_D 为曲线参数，以 p_{wD} 及其导数 p'_{wD} 的对数为纵坐标，t_D/C_D 的对数为横坐标作应力敏感均质油气藏试井解释模型的特征曲线如图 4-7 所示。

从图 4-7 可以看出，存在与不存在应力敏感均质油气藏试井解释模型特征曲线可分为两部分来说明：

在第 Ⅰ 阶段，存在与不存在应力敏感均质油气藏试井解释模型特征曲线基本上是一样的。主要受纯井筒储存效应影响所控制，无因次压力及其导数为一条斜率为 1.0 的直线段。

在第 Ⅱ 阶段，存在与不存在应力敏感均质油气藏试井解释模型特征曲线开始出现区别。随着无因次渗透率模量数值的增加，无因次压力及其导数往上翘起。无因次渗透率模量数值越大，无因次压力及其导数往上翘越明显。这种特征和不存在应力敏感均质油气藏加不渗透外边界试井模型以及低渗透油气藏存在启动压力梯度的情形相类似。

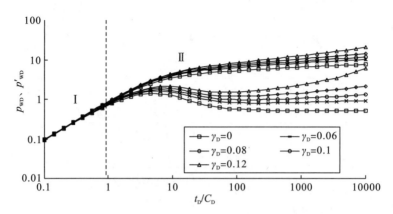

图 4-7   应力敏感无限大均质油气藏试井模型特征曲线

图 4-8 是受应力敏感影响的均质圆形封闭外边界油气藏井底压力相应双对数曲线。从图中仍可以看出，由于受压力敏感效应的影响，压力导数曲线从早期井筒储存过渡期开始上翘。当压力波传播到油藏外边界时，由于受封闭外边界和应力敏感效应的共同影响，导数曲线上翘幅度加剧，斜率超过了拟稳定流动的 45°直线。

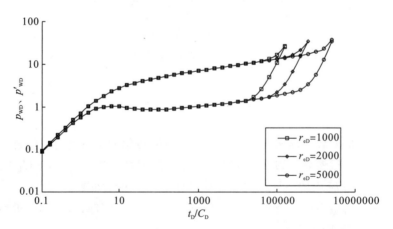

图 4-8   应力敏感圆形封闭均质油气藏试井模型特征曲线

图 4-9 是受应力敏感影响的均质圆形恒压外边界油气藏井底压力相应双对数曲线。从图中仍可以看出，由于受压力敏感效应的影响，在压力波传播到恒压边界以前，压力导数曲线从早期井筒储存过渡期开始上翘。当压力波传播到油藏外边界后，由于受恒压边界的影响，导数曲线迅速下掉并很快趋于 0，而井底压力值则保持一恒定的值。但当恒压边界较远时，由于应力敏感效应的影响导致渗透率下降，致使压力波在讨论的时间范围内尚未传播到油气藏边界(如 $r_{eD}=5000$)。

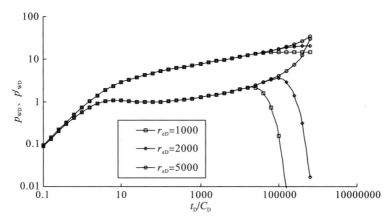

图 4-9　应力敏感圆形恒压均质油气藏试井模型特征曲线

4.4　考虑介质变形的双重介质油气藏试井分析理论

4.4.1　数学模型及解

对于双重介质油气藏，考虑应力敏感影响的试井解释物理模型假设如下：

(1)地层水平等厚，各向同性，油层上下分别有不渗透隔层；

(2)考虑单相微可压缩流体渗流，流体物性不随压力变化；

(3)地层中的渗流为平面径向流动，流体流动为达西渗流，

(4)地层渗透率与应力相关；

(5)油井测试前各点压力为地层压力 p_i，油井以常产量生产；

(6)考虑表皮效应和井筒存储效应的影响；

(7)地层中存在两种具有不同孔隙度和渗透率的介质：基质系统和裂缝系统，裂缝作为渗流通道，基质作为供液源；

(8)介质间的窜流考虑为拟稳态情况(Warren－Root 模型)。

根据上述假设条件，可建立无限大油藏的试井解释数学模型。

1. 试井解释数学模型

1)裂缝渗流方程

$$\frac{1}{r_D}\frac{\partial}{\partial r_D}\left(r_D\frac{\partial p_{fD}}{\partial r_D}\right)-\gamma_D\left(\frac{\partial p_D}{\partial r_D}\right)^2=e^{\gamma_D p_D}\left[\omega\frac{\partial p_{fD}}{\partial t_D}-(1-\omega)\frac{\partial p_{mD}}{\partial t_D}\right]\quad(4\text{-}87)$$

2)基岩流动方程

$$e^{\gamma_D p_D}(1-\omega)\frac{\partial p_{mD}}{\partial t_D}=\lambda(p_{fD}-p_{mD}) \tag{4-88}$$

3)初始条件

$$p_{fD}(r_D,t_D=0)=0 \tag{4-89}$$

$$p_{mD}(r_D,t_D=0)=0 \tag{4-90}$$

4)外边界条件

$$\lim_{r_D\to\infty}p_{fD}(r_D,t_D)=0 \tag{4-91}$$

5)内边界条件

$$C_D\frac{\partial p_{wD}}{\partial t_D}-r_D e^{-\gamma_D p_D}\frac{\partial p_{fD}}{\partial r_D}\bigg|_{r_D=1}=1 \tag{4-92}$$

$$p_{wD}=p_{fD}-Sr_D e^{-\gamma_D p_D}\left(r_D\frac{\partial p_{fD}}{\partial r_D}\right)\bigg|_{r_D=1} \tag{4-93}$$

式中下标 m 表示基质，f 表示裂缝。

2. 无因次量定义如下

1)无因次时间

$$t_D=\frac{3.6k_{if}t}{((\varphi C_t)_f+(\varphi C_t)_m)\mu r_w^2} \tag{4-94}$$

2)无因次井筒存储系数

$$C_D=\frac{C}{2\pi h((\varphi C_t)_f+(\varphi C_t)_m)\mu r_w^2} \tag{4-95}$$

3)储容比

$$\omega=\frac{(\varphi C_t)_f}{(\varphi C_t)_f+(\varphi C_t)_m} \tag{4-96}$$

4)窜流系数

$$\lambda=\frac{\alpha k_m r_w^2}{k_{ij}}\quad(\alpha\ 为形状系数) \tag{4-97}$$

式(4-87)～式(4-93)构成强非线性系统，应用均质情形的求解方法可得井底压力响应为

$$p_{\mathrm{wD}}(t_{\mathrm{D}}) = -\frac{1}{\gamma_{\mathrm{D}}}\ln\left[1 - \gamma_{\mathrm{D}}L^{-1}\left(\eta_{\mathrm{0wD}} + O(\gamma_{\mathrm{D}})\right)\right] \tag{4-98}$$

$$\eta_{\mathrm{0wD}} = \frac{K_0\left(\sqrt{uf(u)}\right) + S\sqrt{uf(u)}K_1\sqrt{uf(u)}}{u\left\{\sqrt{uf(u)}K_1\left(\sqrt{uf(u)}\right) + C_{\mathrm{D}}u\left[K_0\left(\sqrt{uf(u)} + S\sqrt{uf(u)}K_1\left(\sqrt{uf(u)}\right)\right)\right]\right\}} \tag{4-99}$$

式中，K_0，K_1——零阶、一阶修正贝塞尔函数；

　　　　uf——Laplace 变量；

　　　　L^{-1}——Laplace 逆变换，

　　　　$O(\gamma_{\mathrm{D}})$——η_{wD} 零阶解以上的余量；

　　　　$f(u)$——窜流函数。

$$f(u) = \frac{\lambda + \omega(1-\omega)u}{\lambda + (1-\omega)u} \tag{4-100}$$

4.4.2　典型曲线特征分析

通过 Laplace 数值反演方法可将应力敏感双重介质油藏数学模型拉氏空间解转化为实空间的数值解。我们取 $C_{\mathrm{D}}\mathrm{e}^{2S}$、$\gamma_{\mathrm{D}}$、$\omega$、$\lambda$ 为曲线参数，以 p_{wD} 及其导数 p'_{wD} 的对数为纵坐标，$t_{\mathrm{D}}/C_{\mathrm{D}}$ 的对数为横坐标作应力敏感均质油气藏试井解释模型的特征曲线如图 4-10 所示。

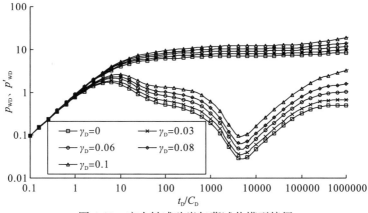

图 4-10　应力敏感砂岩气藏试井模型特征

从图 4-10 可以看出，存在与不存在应力敏感均质油气藏试井解释模型特征曲线可分为两部分来说明：

在第 I 阶段，存在与不存在应力敏感双重介质油气藏试井解释模型特征曲

线基本上是一样的，主要受纯井筒储存效应影响所控制，无因次压力及其导数为一条斜率为 1.0 的直线段。

在第 Ⅱ 阶段，存在与不存在应力敏感均质油气藏试井解释模型特征曲线开始出现区别。在应力敏感的情况下，压力导数曲线从早期井筒储存过渡期开始上移，中期拟稳态窜流段下凹形态基本不受应力效应影响，窜流段结束后导数曲线开始逐步上翘，随着应力敏感强度的增加（无因次渗透率模量 γ_D 增加），压力导数曲线上翘速度加快，在晚期呈现出类似于不渗透外边界的动态，但是应力敏感模型的导数线上翘更快，对于均质油藏，应力敏感的定流量压降典型曲线上翘特征与低渗非达西流的压力动态相似。

4.5 考虑介质变形的均质复合油气藏试井分析理论

4.5.1 数学模型及解

内区流动方程

$$\frac{1}{r_D}\frac{\partial}{\partial r_D}\left(r_D\frac{\partial p_{1D}}{\partial r_D}\right) - \gamma_D\left(\frac{\partial p_{1D}}{\partial r_D}\right)^2 = e^{\gamma_D p_{1D}}\frac{\partial p_{1D}}{\partial t_D} \quad (1 \leqslant r_D \leqslant R_{fD}) \quad (4\text{-}101)$$

外区流动方程

$$\frac{1}{r_D}\frac{\partial}{\partial r_D}\left(r_D\frac{\partial p_{2D}}{\partial r_D}\right) = M_{12}\frac{\partial p_{2D}}{\partial t_D} \quad (R_{fD} \leqslant r_D) \quad (4\text{-}102)$$

初始条件

$$p_{1D}(r_D,0) = p_{2D}(r_D,0) = 0 \quad (4\text{-}103)$$

井筒储存效应

$$C_D\frac{\mathrm{d}p_{wD}}{\mathrm{d}t_D} - \left(r_D e^{-\gamma_D p_{1D}}\frac{\partial p_{1D}}{\partial r_D}\right)_{r_D=1} = 1 \quad (4\text{-}104)$$

表皮效应

$$p_{wD} = \left[\psi_{1D} - S r_D e^{-\gamma_D p_{1D}}\frac{\partial p_{1D}}{\partial r_D}\right]_{r_D=1} \quad (4\text{-}105)$$

界面连接条件

$$p_{1D}(R_{fD},t_D) = p_{2D}(R_{fD},t_D) \quad (4\text{-}106)$$

$$\left.\frac{\partial p_{1D}}{\partial r_D}\right|_{r_D=R_{fD}} = \frac{1}{M_{12}}\left.\frac{\partial p_{2D}}{\partial r_D}\right|_{r_D=R_{fD}} \quad (4\text{-}107)$$

外边界条件

$$p_{2D}(\infty,t_D) = 0 \quad \text{无限大} \quad (4\text{-}108)$$

$$M_{12} = \frac{M_1}{M_2} = \frac{k_1/\mu_1}{k_2/\mu_2} \tag{4-109}$$

其中，M_{12}——流度比。其余符号同前。

同前节一样，通过摄动技术变换，并考虑到较小无因次渗透率模量，只要取零阶摄动解即可，于是有

$$\psi_{wD} = -\frac{1}{\gamma_D}\ln\left[1 - \gamma_D L^{-1}(\bar{\eta}_{0wD} + O(\gamma_D))\right] \tag{4-110}$$

式中

$$\bar{\eta}_{0wD} = \frac{1 + S\bar{\eta}_{0D}}{u\left[\bar{\eta}_{0D} + C_D u(1 + S\bar{\eta}_{0D})\right]} \tag{4-111}$$

$$\bar{\eta}_{0D}(u, R_{fD}, M_{12}, \eta_{12}) = \frac{-G \cdot I_1(\sqrt{u}) + K_1(\sqrt{u})}{G \cdot I_0(\sqrt{u}) + K_0(\sqrt{u})}\sqrt{u} \tag{4-112}$$

$$G = \frac{M_{12}E(R_{fD})K_1(\sqrt{g}R_{fD}) - \sqrt{\eta_{12}}F(R_{fD})K_0(\sqrt{g}R_{fD})}{M_{12}E(R_{fD})I_1(\sqrt{g}R_{fD}) + \sqrt{\eta_{12}}F(R_{fD})I_0(\sqrt{g}R_{fD})} \tag{4-113}$$

$$E(r_D) = K_0(\sqrt{\eta_{12}g}\,r_D) \tag{4-114}$$

$$F(r_D) = K_1(\sqrt{\eta_{12}g}\,r_D) \tag{4-115}$$

4.5.2　典型曲线特征分析

通过 Laplace 数值反演方法可将以上解析解转化为实空间的数值解。取 $C_D e^{2S}$、γ_D、R_{fD}、M_{12}、η_{12} 为模数，以 ψ_{wD} 及其导数 ψ'_{wD} 的对数为纵坐标，t_D/C_D 的对数为横坐标作应力敏感两区复合气藏试井模型的特征曲线如图 4-11、图 4-12 所示。

从图 4-11、图 4-12 可以看出，存在与不存在应力敏感的两区径向复合气藏试井解释模型特征曲线可分两部分来说明：

第 I 阶段，存在与不存在应力敏感的两区径向复合气藏试井解释模型特征曲线基本上是一样的，主要受纯井筒存储效应影响所控制，拟压力及其导数为一条斜率为 1.0 的直线段。

在第 II 阶段，存在与不存在应力敏感的两区径向复合气藏试井解释模型特征曲线开始出现区别。随着无因次渗透率模量数值的增加，拟压力及其导数往上翘起，无因次渗透率模量数值越大，拟压力及其导数往上翘越明显。当外区储层及流体物性变差时，导数曲线上翘特征和不存在应力敏感的两区径向复合气藏加不渗透外边界试井模型相类似。

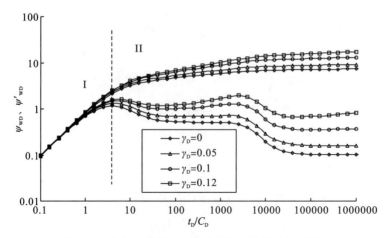

图 4-11　应力敏感复合气藏试井模型特征（外区变好）

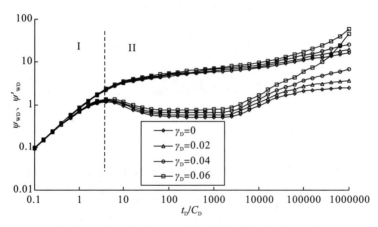

图 4-12　应力敏感复合气藏试井模型特征（外区变差）

第 5 章　异常高压底水气藏渗流数学模型
建立与求解

5.1　考虑裂缝特征的双重介质简化几何模型

以 1963 年 Warren 和 Root[76]提出的双重介质简化几何模型为基础，建立了裂缝特征的双重介质简化几何模型。Warren-Root 认为裂缝系统和孔隙系统在整个区域内组成了两个重叠的连续体，渗流场中分布着两套重叠的压力系统，基质的孔隙度比裂缝的孔隙度大，而裂缝的渗透率比基质的渗透率大，流体在基质中的流动表现为这两类系统之间的"窜流"，如图 5-1 所示。

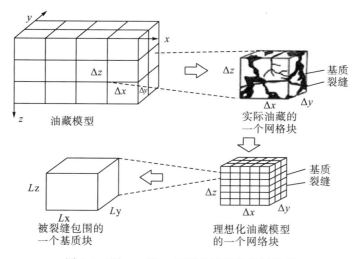

图 5-1　Warren-Root 双重介质简化几何模型

随着开发的进行，流体从基质岩块孔隙中流向裂缝和井底。裂缝系统中的流体直接流入井底（如图 5-2b所示），这样就在地层中形成了两个压力分布（如图 5-2a所示），生产过程中基质压力 p_m 往往要高于裂缝系统中的地层压力 p_f。

由于 Warren-Root 简化几何模型中假设裂缝为纵横交错的水平缝和垂直缝，忽略了具有方位角和带倾角的裂缝。因此在 Warren-Root 简化几何模型的基础上，本书建立了考虑裂缝倾角和裂缝方位角的双重介质简化几何模型。

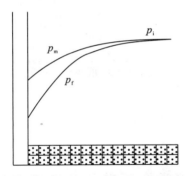

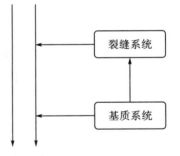

图 5-2a 基质-裂缝压力分布图   图 5-2b 双孔双渗示意图

建立裂缝主应力坐标系 $o-\sigma_x\sigma_y\sigma_z$，其三个主方向渗透率分别表示为 k_{σ_x}，k_{σ_y}，k_{σ_z}。其中 k_{σ_x} 表示裂缝主应力坐标系下 σ_x 方向渗透率；k_{σ_y} 表示裂缝主应力坐标系下 σ_y 方向渗透率；k_{σ_z} 表示裂缝主应力坐标系下 σ_z 方向渗透率。

当裂缝主应力坐标系 $o-\sigma_x\sigma_y\sigma_z$ 不与储层整体坐标系 $o-xyz$ 的主渗透率方向平行时，即裂缝主应力坐标系 $o-\sigma_x\sigma_y\sigma_z$ 与储层整体坐标系 $o-xyz$ 存在夹角时，裂缝主应力坐标系 $o-\sigma_x\sigma_y\sigma_z$ 中流体流动产生的压力梯度不与储层整体坐标系 $o-xyz$ 中任一主渗透方向重合。设 σ_x 与 x 方向的夹角为 ϕ_x，σ_y 与 y 方向的夹角为 ϕ_y；σ_z 与 z 方向的夹角为 ϕ_z，达西定律可表示为

$$\begin{cases} v_x = -\dfrac{1}{\mu} k_{\sigma_x} \cos\phi_x (\mathrm{grad}\Phi)_x \\[2mm] v_y = -\dfrac{1}{\mu} k_{\sigma_y} \cos\phi_y (\mathrm{grad}\Phi)_y \\[2mm] v_z = -\dfrac{1}{\mu} k_{\sigma_z} \cos\phi_z (\mathrm{grad}\Phi)_z \end{cases} \tag{5-1}$$

式(5-1)的矩阵形式为

$$\begin{bmatrix} v_x \\ v_y \\ v_z \end{bmatrix} = -\frac{1}{\mu} \begin{bmatrix} k_{\sigma_x}\cos\phi_x & 0 & 0 \\ 0 & k_{\sigma_y}\cos\phi_y & 0 \\ 0 & 0 & k_{\sigma_z}\cos\phi_z \end{bmatrix} \begin{bmatrix} (\mathrm{grad}\Phi)_x \\ (\mathrm{grad}\Phi)_y \\ (\mathrm{grad}\Phi)_z \end{bmatrix} \tag{5-2}$$

式中，$\mathrm{grad}\Phi$——势的梯度，MPa/m。

因此裂缝在整体坐标系 $o-xyz$ 中渗透率张量矩阵形式可表示为

$$k = \begin{bmatrix} k_x & 0 & 0 \\ 0 & k_y & 0 \\ 0 & 0 & k_z \end{bmatrix} = \begin{bmatrix} k_{\sigma_x}\cos\phi_x & 0 & 0 \\ 0 & k_{\sigma_y}\cos\phi_y & 0 \\ 0 & 0 & k_{\sigma_z}\cos\phi_z \end{bmatrix} \tag{5-3}$$

如图 5-3(a)所示，当裂缝倾角(裂缝主应力 σ_z 方向与储层主应力 z 方向夹角)为 0°时，$\phi_x = \phi_y = \phi_z = 0°$，其渗透率张量可表示为

$$k = \begin{bmatrix} k_x & 0 & 0 \\ 0 & k_y & 0 \\ 0 & 0 & k_z \end{bmatrix} = \begin{bmatrix} k_{\sigma_x} & 0 & 0 \\ 0 & k_{\sigma_y} & 0 \\ 0 & 0 & k_{\sigma_z} \end{bmatrix} \tag{5-4}$$

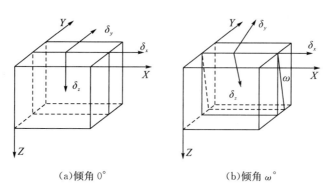

(a)倾角 0°　　　　　　　　　(b)倾角 ω°

图 5-3　带倾角裂缝简化几何模型示意图

如图 5-3(b)所示，当裂缝与 y 轴或 z 轴倾角为 ω° 时，$\varphi_x = 0°$，$\varphi_y = \varphi_z = \omega°$，其渗透率张量可表示为

$$k = k = \begin{bmatrix} k_x & 0 & 0 \\ 0 & k_y & 0 \\ 0 & 0 & k_z \end{bmatrix} = \begin{bmatrix} k_{\sigma_x} & 0 & 0 \\ 0 & k_{\sigma_y}\cos\omega° & 0 \\ 0 & 0 & k_{\sigma_z}\cos\omega° \end{bmatrix} \tag{5-5}$$

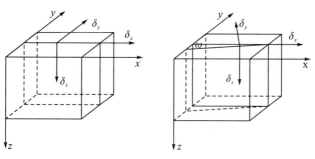

(a)裂缝与 y 轴夹角：0°　　　　　　(b)裂缝与 y 轴夹角：ω°

图 5-4　带方位角裂缝简化几何模型示意图

如图 5-4(a)所示，当裂缝方位角(裂缝主应力 σ_y 方向与储层主应力 z 方向夹角)为 0° 时，$\varphi_x = \varphi_y = \varphi_z = 0°$，其渗透率张量可表示为(a)裂缝与 z 轴夹角：0°

$$k = \begin{bmatrix} k_x & 0 & 0 \\ 0 & k_y & 0 \\ 0 & 0 & k_z \end{bmatrix} = \begin{bmatrix} k_{\sigma_x} & 0 & 0 \\ 0 & k_{\sigma_y} & 0 \\ 0 & 0 & k_{\sigma_z} \end{bmatrix} \tag{5-6}$$

如图5-4(b)所示，当裂缝与 y 轴或 x 轴夹角为 $\omega°$ 时，$\varphi_x=\varphi_y=\omega°$，$\varphi_z=0°$。其渗透率张量可表示为

$$k = k = \begin{bmatrix} k_x & 0 & 0 \\ 0 & k_y & 0 \\ 0 & 0 & k_z \end{bmatrix} = \begin{bmatrix} k_{\sigma_x}\cos\omega° & 0 & 0 \\ 0 & k_{\sigma_y}\cos\omega° & 0 \\ 0 & 0 & k_{\sigma_z} \end{bmatrix} \tag{5-7}$$

5.2 模 型 假 设

建立渗流数学模型时，作如下假设：

(1)气藏中只存在气水两相，气组分以自由气的形式存在，水组分以自由水的形式存在；

(2)由于基质岩块中含有大部分气体，是主要的储集空间，裂缝的储存能力小但其导流能力远大于基质。一般认为基质系统中的流体同时流向裂缝与井底，裂缝系统中的流体直接流向井底，且基质岩块间存在流动，即双孔双渗；

(3)流体在基质－裂缝系统中的流动服从达西定律，整个渗流过程中考虑渗透率应力敏感性；

(4)岩石、水不可压缩，气体可压缩，考虑重力的影响，忽略毛管力的影响；

(5)气藏处于恒温，流体在油藏流动过程中亦处于热动力学平衡。

5.3 异常高压底水气藏气－水两相流动方程

5.3.1 考虑应力敏感的基质－裂缝窜流方程

1963 年，Warren 和 Root[76]针对双重介质油气藏提出了基质与裂缝间的窜流方程

$$q_{(m-f)} = \frac{\alpha k_m}{\mu}(p_m - p_f) \tag{5-8}$$

式中，α——窜流形状因子，与基质岩块的几何形状相关，m^{-2}；

$q_{(m-f)}$——基质到裂缝单位体积的窜流量，$std1(m^3)/d$；

p_m——基质系统的压力，MPa；

p_f——裂缝系统的压力，MPa；

k_m——基质渗透率，mD；

μ——基质流体黏度，mPa·s。

对于气－水两相渗流可以分别得到气、水窜流函数

$$q_{gs(m-f)} = \frac{\alpha k_m k_{rgm}}{\mu_{mg}}(p_{mg} - p_{fg}) \tag{5-9}$$

$$q_{ws(m-f)} = \frac{\alpha k_m k_{rwm}}{\mu_{mw}}(p_{mw} - p_{fw}) \tag{5-9}$$

式中，μ_{mg}，μ_{mw}——分别为基质系统中气相和水相的黏度，mPa·s；

k_{rgm}，k_{rwm}——分别为基质系统中气相和水相的相对渗透率，无因次；

p_{mg}，p_{mw}——分别为基质系统中气相和水相压力，MPa；

p_{fg}，p_{fw}——分别为裂缝系统中气相和水相压力 MPa。

将储层渗透率随地层压力变化的指数关系式(2-4)代入式(5-9)、式(5-10)中可以得到考虑渗透率应力敏感的气、水窜流函数

$$q_{gs(m-f)} = \frac{\alpha k_{mo} k_{rgm}}{\mu_{mg}}(p_{mg} - p_{fg})\mathrm{e}^{-\alpha_k(p_{mgo}-p_{mg})} \tag{5-11}$$

$$q_{ws(m-f)} = \frac{\alpha k_{mo} k_{rwm}}{\mu_{mw}}(p_{mw} - p_{fw})\mathrm{e}^{-\alpha_k(p_{mwo}-p_{mw})} \tag{5-12}$$

式中，k_{mo}——基质系统初始岩石渗透率，mD；

p_{mgo}，p_{mwo}——基质系统中初始气相和水相压力，MPa。

其中，形状因子用于表征基质－裂缝之间的沟通程度，与基质岩块的几何形状、裂缝的密集程度有关，Kazemi[77]在 Warren-Root 形状因子计算式的基础上提出了三维模型形状因子，其计算式如下

$$\alpha = 4\left(\frac{1}{L_x^2} + \frac{1}{L_y^2} + \frac{1}{L_z^2}\right) \tag{5-13}$$

式中，L_x、L_y、L_z——分别为网格 x、y、z 方向的尺寸大小，m。

5.3.2　考虑应力敏感的气－水运动方程

异常高压底水气藏在开采过程中，随着流体的采出，地层压力不断下降，储层岩石骨架承受的净上覆压力增加，从而发生弹塑性形变，引起储层孔隙度和渗透率等物性参数减小。根据储层渗透率随地层压力变化的指数关系式(2-4)，结合运动方程即可得到考虑应力敏感的基质－裂缝系统运动方程

基质系统：

$$v_{ml} = -\beta_c \frac{k_{mo} k_{rlm}}{\mu_{ml}}(\nabla p_{ml} - \gamma_{ml}\nabla D)\mathrm{e}^{-\alpha_k(p_{mlo}-p_{ml})} \tag{5-14}$$

裂缝系统：

$$v_{fl} = -\beta_c \frac{k_{fo} k_{rlf}}{\mu_{fl}} (\nabla p_{fl} - \gamma_{fl} \nabla D) e^{-\alpha_k (p_{flo} - p_{fl})} \tag{5-15}$$

式中，l——气相或水相，g，w；

β_c——传导系数单位转化因子，无因次；

D——深度，m；

p_{flo}——裂缝系统原始地层压力，MPa；

p_{fl}——裂缝系统目前地层压力，MPa；

p_{mlo}——基质系统原始地层压力，MPa；

p_m——基质系统目前地层压力，MPa；

k_{rlm}——基质系统中 l 相的相对渗透率；

k_{rlf}——裂缝系统中 l 相的相对渗透率；

k_{fo}——裂缝系统初始岩石渗透率，mD；

k_{mo}——基质系统初始岩石渗透率，mD；

α_k——储层应力敏感系数，MPa^{-1}；

v_{fl}——裂缝系统中 l 相的渗流速度，m^3/(d·m^3)；

v_{ml}——基质系统中 l 相的渗流速度，m^3/(d·m^3)；

γ_{ml}——l 相在基质系统中的重度，MPa/m；

γ_{fl}——l 相在裂缝系统中的重度，MPa/m；

μ_{fl}——l 相在裂缝系统中的黏度，mPa·s；

μ_{ml}——l 相在基质系统中的黏度，mPa·s。

5.3.3 考虑底水入侵的质量守恒方程

控制体选定后，就可在其基础上写出某组分的物质平衡方程：流入油气藏单元控制体中的流体总质量等于流出单元体的流体总质量加上单元体中流体质量的净增量[77]

$$(m_i - m_o)_i + (m_s)_i = (m_a)_i \tag{5-16}$$

式中，m_i——流入控制体中的质量，Kg；

m_o——流出控制体的流体质量，Kg；

m_s——源或汇引起的质量，Kg；

m_a——控制体内增加或减少质量，Kg。

因此气-水两相渗流时，可得基质-裂缝系统中的气、水组分的质量守恒方程：

基质系统中气组分质量守恒方程

$$-\frac{\partial}{\partial x}\left(\frac{A_x}{B_{mg}}v_{mgx}\right)\Delta x - \frac{\partial}{\partial y}\left(\frac{A_y}{B_{mg}}v_{mgy}\right)\Delta y - \frac{\partial}{\partial z}\left(\frac{A_z}{B_{mg}}v_{mgz}\right)\Delta z$$

$$=\frac{V_b}{\alpha_c}\frac{\partial}{\partial t}\left(\frac{\phi_m S_{mg}}{B_{mg}}\right) + V_b q_{gs(m-f)} + q_{mg} \tag{5-17}$$

基质系统中水组分质量守恒方程

$$-\frac{\partial}{\partial x}\left(\frac{A_x}{B_{mw}}v_{mwx}\right)\Delta x - \frac{\partial}{\partial y}\left(\frac{A_y}{B_{mw}}v_{mwy}\right)\Delta y - \frac{\partial}{\partial z}\left(\frac{A_z}{B_{mw}}v_{mwz}\right)\Delta z$$

$$=\frac{V_b}{\alpha_c}\frac{\partial}{\partial t}\left(\frac{\varphi_m S_{mw}}{B_{mw}}\right) + V_b q_{ws(m-f)} + q_{mw} \tag{5-18}$$

裂缝系统中气组分质量守恒方程

$$-\frac{\partial}{\partial x}\left(\frac{A_x}{B_{fg}}v_{fgx}\right)\Delta x - \frac{\partial}{\partial y}\left(\frac{A_y}{B_{fg}}v_{fgy}\right)\Delta y - \frac{\partial}{\partial z}\left(\frac{A_z}{B_{fg}}v_{fgz}\right)\Delta z$$

$$=\frac{V_b}{\alpha_c}\frac{\partial}{\partial t}\left(\frac{\varphi_f S_{fg}}{B_{fg}}\right) - V_b q_{gs(m-f)} + q_{fg} \tag{5-19}$$

裂缝系统中水组分质量守恒方程

$$-\frac{\partial}{\partial x}\left(\frac{A_x}{B_{fw}}v_{fwx}\right)\Delta x - \frac{\partial}{\partial y}\left(\frac{A_y}{B_{fw}}v_{fwy}\right)\Delta y - \frac{\partial}{\partial z}\left(\frac{A_z}{B_{fw}}v_{fwz}\right)\Delta z$$

$$=\frac{V_b}{\alpha_c}\frac{\partial}{\partial t}\left(\frac{\varphi_f S_{fw}}{B_{fw}}\right) - V_b q_{ws(m-f)} + q_{fw} - q_{dws} \tag{5-20}$$

式中，V_b——岩块体积，m^3；

A_x、A_y、A_z——分别为垂直于 x、y、z 方向的面积，m^2；

n——基质系统或裂缝系统，m，f；

l——气相或水相，g，w；

ϕ_f——裂缝系统相对于总系统的孔隙度，小数；

α_c——体积转换因子，无因次；

B_{ml}——体积系数，m^3/m^3；

q_{mg}——基质系统产气量，$std\ m^3/d$；

q_{fg}——裂缝系统产气量，$std\ m^3/d$；

q_{mw}——基质系统产水量，$std\ m^3/d$；

q_{fw}——裂缝系统产水量，$std\ m^3/d$；

q_{dws}——单位时间内侵入网格的底水量，m^3/d；

S_{mg}——基质系统中气相饱和度，%；

S_{mw}——基质系统中水相饱和度，%；

S_{fg}——裂缝系统中气相饱和度，%；

S_{fw}——裂缝系统中水相饱和度，%。

5.3.4　直角坐标系中的流动方程

当控制体无限小时间变成瞬时，即可得到各相在基质－裂缝系统中的流动方程。

基质系统中气、水相流动方程分别为

$$\frac{\partial}{\partial x}\left[\beta_c k_{xmo}A_x\,\frac{k_{rgm}}{\mu_{mg}B_{mg}}e^{-\alpha_k(p_{mgo}-p_{mg})}\left(\frac{\partial p_{mg}}{\partial x}-\gamma_{mg}\frac{\partial D}{\partial x}\right)\right]\Delta x$$

$$+\frac{\partial}{\partial y}\left[\beta_c k_{ym0}A_y\,\frac{k_{rgm}}{\mu_{mg}B_{mg}}e^{-\alpha_k(p_{mgo}-p_{mg})}\left(\frac{\partial p_{mg}}{\partial y}-\gamma_{mg}\frac{\partial D}{\partial y}\right)\right]\Delta y$$

$$+\frac{\partial}{\partial z}\left[\beta_c k_{zmo}A_z\,\frac{k_{rgm}}{\mu_{mg}B_{mg}}e^{-\alpha_k(p_{mgo}-p_{mg})}\left(\frac{\partial p_{mg}}{\partial z}-\gamma_{mg}\frac{\partial D}{\partial z}\right)\right]\Delta z$$

$$=\frac{V_b}{\alpha_c}\frac{\partial}{\partial t}\left(\frac{\phi_m S_{mg}}{B_{mg}}\right)+V_b q_{gs(m-f)}+q_{mg} \tag{5-21}$$

$$\frac{\partial}{\partial x}\left[\beta_c k_{xmo}A_x\,\frac{k_{rmw}}{\mu_{mw}B_{mw}}e^{-\alpha_k(p_{mwo}-p_{mw})}\left(\frac{\partial p_{mw}}{\partial x}-\gamma_{mw}\frac{\partial D}{\partial x}\right)\right]\Delta x$$

$$+\frac{\partial}{\partial y}\left[\beta_c k_{ymo}A_y\,\frac{k_{rmw}}{\mu_{mw}B_{mw}}e^{-\alpha_k(p_{mwo}-p_{mw})}\left(\frac{\partial p_{mw}}{\partial y}-\gamma_{mw}\frac{\partial D}{\partial y}\right)\right]\Delta y$$

$$+\frac{\partial}{\partial z}\left[\beta_c k_{zmo}A_z\,\frac{k_{rwm}}{\mu_{mw}B_{mw}}e^{-\alpha_k(p_{mwo}-p_{mw})}\left(\frac{\partial p_{mw}}{\partial z}-\gamma_{mw}\frac{\partial D}{\partial z}\right)\right]\Delta z$$

$$=\frac{V_b}{\alpha_c}\frac{\partial}{\partial t}\left(\frac{\varphi_m S_{mw}}{B_{mw}}\right)+V_b q_{ws(m-f)}+q_{mw} \tag{5-22}$$

式中，γ_{nl}——相重度，kPa/m。

裂缝系统中气、水相流动方程

$$\frac{\partial}{\partial x}\left[\beta_c k_{xfo}A_x\,\frac{k_{rgf}}{\mu_{fg}B_{fg}}e^{-\alpha_k(p_{fgo}-p_{fg})}\left(\frac{\partial p_{fg}}{\partial x}-\gamma_{fg}\frac{\partial D}{\partial x}\right)\right]\Delta x$$

$$+\frac{\partial}{\partial y}\left[\beta_c k_{yfo}A_y\,\frac{k_{rgf}}{\mu_{fg}B_{fg}}e^{-\alpha_k(p_{fgo}-p_{fg})}\left(\frac{\partial p_{fg}}{\partial y}-\gamma_{fg}\frac{\partial D}{\partial y}\right)\right]\Delta y$$

$$+\frac{\partial}{\partial z}\left[\beta_c k_{zfo}A_z\,\frac{k_{rfg}}{\mu_{fg}B_{fg}}e^{-\alpha_k(p_{fgo}-p_{fg})}\left(\frac{\partial p_{fg}}{\partial z}-\gamma_{fg}\frac{\partial D}{\partial z}\right)\right]\Delta z$$

$$=\frac{V_b}{\alpha_c}\frac{\partial}{\partial t}\left(\frac{\varphi_f S_{fg}}{B_{fg}}\right)-V_b q_{gs(m-f)}+q_{fg} \tag{5-23}$$

$$\frac{\partial}{\partial x}\left[\beta_c k_{xfo}A_x\,\frac{k_{rwf}}{\mu_{fw}B_{fw}}e^{-\alpha_k(p_{fwo}-p_{fw})}\left(\frac{\partial p_{fw}}{\partial x}-\gamma_{fw}\frac{\partial D}{\partial x}\right)\right]\Delta x$$

$$+\frac{\partial}{\partial y}\left[\beta_c k_{yfo}A_y\,\frac{k_{rwf}}{\mu_{fw}B_{fw}}e^{-\alpha_k(p_{fwo}-p_{fw})}\left(\frac{\partial p_{fw}}{\partial y}-\gamma_{fw}\frac{\partial D}{\partial y}\right)\right]\Delta y$$

$$+\frac{\partial}{\partial z}\left[\beta_c k_{zfo}A_z\,\frac{k_{rwf}}{\mu_{fw}B_{fw}}e^{-\alpha_k(p_{fwo}-p_{fw})}\left(\frac{\partial p_{fw}}{\partial z}-\gamma_{fw}\frac{\partial D}{\partial z}\right)\right]\Delta z$$

$$= \frac{V_b}{\alpha_c} \frac{\partial}{\partial t} \left(\frac{\varphi_f S_{fw}}{B_{fw}} \right) - V_b q_{ws(m-f)} + q_{fw} - q_{dws} \tag{5-24}$$

辅助方程有

$$S_{mg} + S_{mw} = 1, \quad p_{mcgw} = p_{mg} - p_{mw} = 0$$

$$S_{fg} + S_{fw} = 1, \quad p_{fcgw} = p_{fg} - p_{fw} = 0 \tag{5-25}$$

式(5-21)~式(5-25)共同构成了异常高压底水气藏三维气-水两相渗流流动方程。

5.4　定 解 条 件

初始条件和边界条件共同构成了模型的定解条件，边界条件又分为外边界条件和内边界条件。

初始条件是指从某一时刻起($t=0$)，气藏中各点参数如压力、饱和度的分布情况。

$$p(x,y,z,t)\,|_{t=0} = p_0(x,y,z) \tag{5-26}$$

$$S(x,y,z,t)\,|_{t=0} = S_0(x,y,z) \tag{5-27}$$

边界条件是指油气藏几何边界在开采过程中所处的状态。

外边界条件(Neumman 边界)

$$\frac{\partial \Phi_{mg}}{\partial n}\,|_\Gamma = \text{Const}, \quad \frac{\partial \Phi_{mw}}{\partial n}\,|_\Gamma = \text{Const} \tag{5-28}$$

$$\frac{\partial \Phi_{fg}}{\partial n}\,|_\Gamma = \text{Const}, \quad \frac{\partial \Phi_{fw}}{\partial n}\,|_\Gamma = \text{Const} \tag{5-29}$$

内边界条件(Direchlet 边界)

定井底压力

$$p\,|_{r=r_w} = p_{wf_{ref}} = \text{Const} \tag{5-30}$$

定产量

$$q\,|_{r=r_w} = q_{gs} = \text{Const} \tag{5-31}$$

式中，r_w——井半径，m；

　　　　p——压力，kPa；

　　　　$p_{wf_{ref}}$——井底流压，kPa；

　　　　q_{gs}——产气量，std m^3/d；

　　　　q——产量，std m^3/d；

　　　　Φ——流体的势，MPa。

5.5　水体模拟

在油藏模拟器中，常见的水体类型有：网格水体、数值水体、分析水体以及流动边界水体[78]。它们的适用性详见表5-1。

表 5-1　常用水体适用性对比表

水体类型		优、缺点	适用范围
	网格水体	①设置方便；②需要对水体部分离散化处理增大了求解过程的运算量；③当水体网格体积大于相邻网格体积 3 个数量级或以上会引起严重的收敛性问题。	有限水体
	数值水体	同上	同上
分析水体	Fetvhovich 水体	①定义方便，计算速度快；②可以代表很广泛的水体类型，从稳定状态能够提供稳定压力的无限水体，到与油气藏相比体积很小，其形态由流入来决定的小水体。	各种水体
	Carter-Tracy 水体	①可以模拟瞬间形态，即初始是稳定状态，然后逐渐变成受油藏影响很大的水体；②很少用来表示稳定状态的水体和受油气藏影响很小的水体。	模拟瞬间形态
	流动边界水体	定义简单	常流量边界水体

　　网格水体主要用所有位于水区（油气水界面下）的网格来模拟水体。数值水体主要通过选择模型中一些多余的单元，将其定义为水体单元，并将这些水体单元通过 NNC 与油气区连接，为了防止水体单元与其相邻单元间发生流动还需给定数值为零的传导率乘子。分析水体是指该类水体的求解过程不需要进行离散化，可直接用解析法求得，这类水体计算速度较快。分析水体主要有两类：Fetvhovich 水体和 Carter-Tracy 水体。流动边界水体类似于分析水体，但其边界处的流量为常数。

　　通过上面的分析对比，本书选用 Fetvhovich 水体模拟底水部分的侵入。

　　水体流入量为

$$Q_{wi} = a_i J \left[p_a - p_i + \rho g (h_i - h_a) \right] = \frac{dW_a}{dt} \tag{5-32}$$

从物质平衡可求得水体压力为

$$W_a = C_t V_{wo} (p_{ao} - p_a) \tag{5-33}$$

由式（5-33）可知

$$p_a = p_{ao} - \frac{W_a}{C_t V_{wo}} = p_{ao} \left(1 - \frac{W_a}{C_t V_{wo} P_{ao}} \right) \tag{5-34}$$

两边同时求导

$$\frac{\mathrm{d}p_a}{\mathrm{d}t} = -\frac{p_{ao}}{C_t V_{wo} p_{ao}} \frac{\mathrm{d}W_a}{\mathrm{d}t} \tag{5-35}$$

将式(5-32)带入式(5-35)可得

$$\frac{\mathrm{d}p_a}{\mathrm{d}t} = -\frac{p_{ao}}{C_t V_{wo} p_{ao}} a_i J[p_a - p_i + \rho g(h_i - h_a)] \tag{5-36}$$

分离变量并积分可得

$$\ln[p_a - p_i + \rho g(h_i - h_a)] = \ln_i[p_{ao} - p_i + \rho g(h_i - h_a)] - \frac{a_i J p_{ao}}{C_t V_{wo} p_{ao}} t \tag{5-37}$$

式(5-37)可变形为

$$[p_a - p_i + \rho g(h_i - h_a)] = [p_{ao} - p_i + \rho g(h_i - h_a)]\exp\left(-\frac{a_i J}{C_t V_{wo}} t\right) \tag{5-38}$$

将式(5-38)带入式(5-32)可得

$$\frac{\mathrm{d}W_a}{\mathrm{d}t} = Q_{wi} = a_i J[p_{ao} - p_i + \rho g(h_i - h_a)]\exp\left(-\frac{a_i J}{C_t V_{w0}} t\right) \tag{5-39}$$

两边同时积分可得单位时间内水体流入量计算公式为

$$q_{dws} = C_t V_{wo}[p_{ao} - p_i + \rho g(h_i - h_a)] \cdot (1 - e^{\frac{a_i J \Delta t}{C_t V_{w0}} t}) \tag{5-40}$$

式中，n——基质系统和裂缝系统，m，f；

　　q_{dws}——Δt 时间内水体到网格的流入量，m³；

　　J——水侵指数；

　　a_i——网格 i 的面积分数；

　　p_a——时间 t 时的水体压力，MPa；

　　p_i——时间 t 时的网格压力，MPa；

　　ρ——水区水密度，Kg/m³；

　　h_a——水体基准深度，m；

　　h_i——网格深度，m；

　　C_t——总的压缩系数，MPa^{-1}；

　　W_a——水体向网格 i 的累计流入量，m³/d；

　　V_{wo}——水体初始体积，m³；

　　p_{ao}——水体初始压力，MPa。

5.6　模型的求解

5.6.1　流动方程的有限差分近似

对流动方程左端进行空间有限差分近似，右端进行时间有限差分近似。

基质系统气相流动方程的有限差分近似

$$(T_{\mathrm{mg}})_{i+1/2,j,k}^{n+1}\big[(p_{\mathrm{mg}})_{i+1,j,k}^{n+1} - (p_{\mathrm{mg}})_{i,j,k}^{n+1}\big] - (p_{\mathrm{mg}})_{i+1/2,j,k}^{n+1}\big[(p_{\mathrm{mg}})_{i,j,k}^{n+1} - (p_{\mathrm{mg}})_{i-1,j,k}^{n+1}\big]$$
$$+ (T_{\mathrm{mg}})_{i+1/2,j,k}^{n+1}\big[(p_{\mathrm{mg}})_{i,j+1,k}^{n+1} - (p_{\mathrm{mg}})_{i,j,k}^{n+1}\big] - (T_{\mathrm{mg}})_{i+1/2,j,k}^{n+1}\big[(p_{\mathrm{mg}})_{i,j,k}^{n+1} - (p_{\mathrm{mg}})_{i,j-1,k}^{n+1}\big]$$
$$+ (T_{\mathrm{mg}})_{i,j,k+1/2}^{n+1}\big[(p_{\mathrm{mg}})_{i,j,k+1}^{n+1} - (p_{\mathrm{mg}})_{i,j,k}^{n+1}\big] - (T_{\mathrm{mg}})_{i,j,k+1/2}^{n+1}\big[(p_{\mathrm{mg}})_{i,j,k}^{n+1} - (p_{\mathrm{mg}})_{i,j,k-1}^{n+1}\big]$$
$$- \big\{(T_{\mathrm{mg}}\gamma_{\mathrm{mg}})_{i+1/2,j,k}^{n+1}\big[D_{i+1,j,k}^{n+1} - D_{i,j,k}^{n+1}\big] - (T_{\mathrm{mg}}\gamma_{\mathrm{mg}})_{i-1/2,j,k}^{n+1}\big[D_{i,j,k}^{n+1} - D_{i-1,j,k}^{n+1}\big]\big\}$$
$$- \big\{(T_{\mathrm{mg}}\gamma_{\mathrm{mg}})_{i,j+1/2,k}^{n+1}\big[D_{i,j+1,k}^{n+1} - D_{i,j,k}^{n+1}\big] - (T_{\mathrm{mg}}\gamma_{\mathrm{mg}})_{i,j-1/2,k}^{n+1}\big[D_{i,j,k}^{n+1} - D_{i,j-1,k}^{n+1}\big]\big\}$$
$$- \big\{(T_{\mathrm{mg}}\gamma_{\mathrm{mg}})_{i,j,k+1/2}^{n+1}\big[D_{i,j,k+1}^{n+1} - D_{i,j,k}^{n+1}\big] - (T_{\mathrm{mg}}\gamma_{\mathrm{mg}})_{i,j,k-1/2}^{n+1}\big[D_{i,j,k}^{n+1} - D_{i,j,k-1}^{n+1}\big]\big\}$$
$$= \left(\frac{V_{\mathrm{b}}\phi_{\mathrm{m}}}{\alpha_{\mathrm{c}}\Delta t}\right)_{i,j,k}\bigg\{\left(\frac{1}{B_{\mathrm{mg}}}\right)'_{i,j,k}(S_{\mathrm{mg}}^{n})_{i,j,k}\big[(p_{\mathrm{mg}})_{i,j,k}^{n+1} - (p_{\mathrm{mg}})_{i,j,k}^{n}\big]$$
$$+ \left(\frac{1}{B_{\mathrm{mg}}^{n}}\right)_{i,j,k}(S_{\mathrm{mg}}^{n+1} - S_{\mathrm{mg}}^{n})_{i,j,k}\bigg\} + (V_{\mathrm{b}}q_{\mathrm{gs(m-f)}} + q_{\mathrm{mg}})_{i,j,k}^{n} \qquad (5\text{-}41)$$

基质系统水相流动方程的有限差分近似

$$(T_{\mathrm{mw}})_{i+1/2,j,k}^{n+1}\big[(p_{\mathrm{mw}})_{i+1,j,k}^{n+1} - (p_{\mathrm{mw}})_{i,j,k}^{n+1}\big] - (T_{\mathrm{mw}})_{i-1/2,j,k}^{n+1}\big[(p_{\mathrm{mw}})_{i,j,k}^{n+1} - (p_{\mathrm{mw}})_{i-1,j,k}^{n+1}\big]$$
$$+ (T_{\mathrm{mw}})_{i,j+1/2j,k}^{n+1}\big[(p_{\mathrm{mw}})_{i,j+1,k}^{n+1} - (p_{\mathrm{mw}})_{i,j,k}^{n+1}\big] - (T_{\mathrm{mw}})_{i,j+1/2,k}^{n+1}\big[(p_{\mathrm{mw}})_{i,j,k}^{n+1} - (p_{\mathrm{mw}})_{i,j-1,k}^{n+1}\big]$$
$$+ (T_{\mathrm{mw}})_{i,j,k+1/2}^{n+1}\big[(p_{\mathrm{mw}})_{i,j,k+1}^{n+1} - (p_{\mathrm{mw}})_{i,j,k}^{n+1}\big] - (T_{\mathrm{mw}})_{i,j,k-1/2}^{n+1}\big[(p_{\mathrm{mw}})_{i,j,k}^{n+1} - (p_{\mathrm{mw}})_{i,j,k-1}^{n+1}\big]$$
$$- \big\{(T_{\mathrm{mw}}\gamma_{\mathrm{mw}})_{i+1/2,j,k}^{n+1}\big[D_{i+1,j,k}^{n+1} - D_{i,j,k}^{n+1}\big] - (T_{\mathrm{mw}}\gamma_{\mathrm{mw}})_{i-1/2,j,k}^{n+1}\big[D_{i,j,k}^{n+1} - D_{i-1,j,k}^{n+1}\big]\big\}$$
$$- \big\{(T_{\mathrm{mw}}\gamma_{\mathrm{mw}})_{i,j+1/2,k}^{n+1}\big[D_{i,j+1,k}^{n+1} - D_{i,j,k}^{n+1}\big] - (T_{\mathrm{mw}}\gamma_{\mathrm{mw}})_{i,j-1/2,k}^{n+1}\big[D_{i,j,k}^{n+1} - D_{i,j-1,k}^{n+1}\big]\big\}$$
$$- \big\{(T_{\mathrm{mw}}\gamma_{\mathrm{mw}})_{i,j,k+1/2}^{n+1}\big[D_{i,j,k+1}^{n+1} - D_{i,j,k}^{n+1}\big] - (T_{\mathrm{mw}}\gamma_{\mathrm{mw}})_{i,j,k-1/2}^{n+1}\big[D_{i,j,k}^{n+1} - D_{i,j,k-1}^{n+1}\big]\big\}$$
$$= \left(\frac{V_{\mathrm{b}}\phi_{\mathrm{m}}}{\alpha_{\mathrm{c}}B_{\mathrm{mw}}}\right)_{i,j,k}\left[\frac{S_{\mathrm{mw}}^{n+1} - S_{\mathrm{mw}}^{n}}{\Delta t}\right]_{i,j,k} + (V_{\mathrm{b}}q_{\mathrm{gs(m-f)}} + q_{\mathrm{mw}})_{i,j,k}^{n} \qquad (5\text{-}42)$$

裂缝系统气相流动方程的有限差分近似

$$(T_{\mathrm{fg}})\big[(p_{\mathrm{fg}})_{i+1,j,k}^{n+1} - (p_{\mathrm{fg}})_{i,j,k}^{n+1}\big] - (T_{\mathrm{fg}})_{i-1/2,j,k}^{n+1}\big[(p_{\mathrm{fg}})_{i,j,k}^{n+1} - (p_{\mathrm{fg}})_{i-1,j,k}^{n+1}\big]$$
$$+ (T_{\mathrm{fg}})_{i,j+1/2,k}^{n+1}\big[(p_{\mathrm{fg}})_{i,j+1,k}^{n+1} - (p_{\mathrm{fg}})_{i,j,k}^{n+1}\big] - (T_{\mathrm{fg}})_{i,j-1/2,k}^{n+1}\big[(p_{\mathrm{fg}})_{i,j,k}^{n+1} - (p_{\mathrm{fg}})_{i,j-1,k}^{n+1}\big]$$
$$+ (T_{\mathrm{fg}})_{i,j,k+1/2}^{n+1}\big[(p_{\mathrm{fg}})_{i,j,k+1}^{n+1} - (p_{\mathrm{fg}})_{i,j,k}^{n+1}\big] - (T_{\mathrm{fg}})_{i,j,k-1/2}^{n+1}\big[(p_{\mathrm{fg}})_{i,j,k}^{n+1} - (p_{\mathrm{fg}})_{i,j,k-1}^{n+1}\big]$$
$$- \big\{(T_{\mathrm{fg}}\gamma_{\mathrm{fg}})_{i+1/2,j,k}^{n+1}\big[D_{i+1,j,k}^{n+1} - D_{i,j,k}^{n+1}\big] - (T_{\mathrm{fg}}\gamma_{\mathrm{fg}})_{i-1/2,j,k}^{n+1}\big[D_{i,j,k}^{n+1} - D_{i-1,j,k}^{n+1}\big]\big\}$$
$$- \big\{(T_{\mathrm{fg}}\gamma_{\mathrm{fg}})_{i,j+1/2,k}^{n+1}\big[D_{i,j+1,k}^{n+1} - D_{i,j,k}^{n+1}\big] - (T_{\mathrm{fg}}\gamma_{\mathrm{fg}})_{i,j-1/2,k}^{n+1}\big[D_{i,j,k}^{n+1} - D_{i,j-1,k}^{n+1}\big]\big\}$$
$$- \big\{(T_{\mathrm{fg}}\gamma_{\mathrm{fg}})_{i,j,k+1/2}^{n+1}\big[D_{i,j,k+1}^{n+1} - D_{i,j,k}^{n+1}\big] - (T_{\mathrm{fg}}\gamma_{\mathrm{fg}})_{i,j,k-1/2}^{n+1}\big[D_{i,j,k}^{n+1} - D_{i,j,k-1}^{n+1}\big]\big\}$$

$$= \left(\frac{V_b \phi_f}{\alpha_c \Delta t} \right)_{i,j,k} \left\{ \left(\frac{1}{B_{fg}} \right)'_{i,j,k} (S_{fg}^n)_{i,j,k} \left[(p_{fg})_{i,j,k}^{n+1} - (p_{fg})_{i,j,k}^n \right] \right.$$

$$\left. + \left(\frac{1}{B_{fg}^n} \right)_{i,j,k} (S_{fg}^{n+1} - S_{fg}^n)_{i,j,k} \right\} - (V_b q_{gs(m-f)} - q_{fg})_{i,j,k}^n \qquad (5\text{-}43)$$

裂缝系统水相流动方程的有限差分近似

$$(T_{fw})_{i+1/2,j,k}^{n+1} \left[(p_{fw})_{i+1,j,k}^{n+1} - (p_{fw})_{i,j,k}^{n+1} \right] - (T_{fw})_{i-1/2,j,k}^{n+1} \left[(p_{fw})_{i,j,k}^{n+1} - (p_{fw})_{i-1,j,k}^{n+1} \right]$$

$$+ (T_{fw})_{i,j+1/2,k}^{n+1} \left[(p_{fw})_{i,j+1,k}^{n+1} - (p_{fw})_{i,j,k}^{n+1} \right] - (T_{fw})_{i,j-1/2,k}^{n+1} \left[(p_{fw})_{i,j,k}^{n+1} - (p_{fw})_{i,j-1,k}^{n+1} \right]$$

$$+ (T_{fw})_{i,j,k+1/2}^{n+1} \left[(p_{fw})_{i,j,k+1}^{n+1} - (p_{fw})_{i,j,k}^{n+1} \right] - (T_{fw})_{i,j,k-1/2}^{n+1} \left[(p_{fw})_{i,j,k}^{n+1} - (p_{fw})_{i,j,k-1}^{n+1} \right]$$

$$- \left\{ (T_{fw}\gamma_{fw})_{i+1/2,j,k}^{n+1} \left[D_{i+1,j,k}^{n+1} - D_{i,j,k}^{n+1} \right] - (T_{fw}\gamma_{fw})_{i-1/2,j,k}^{n+1} \left[D_{i,j,k}^{n+1} - D_{i-1,j,k}^{n+1} \right] \right\}$$

$$- \left\{ (T_{fw}\gamma_{fw})_{i,j+1/2,k}^{n+1} \left[D_{i,j+1,k}^{n+1} - D_{i,j,k}^{n+1} \right] - (T_{fw}\gamma_{fw})_{i,j-1/2,k}^{n+1} \left[D_{i,j,k}^{n+1} - D_{i,j-1,k}^{n+1} \right] \right\}$$

$$- \left\{ (T_{fw}\gamma_{fw})_{i,j,k+1/2}^{n+1} \left[D_{i,j,k+1}^{n+1} - D_{i,j,k}^{n+1} \right] - (T_{fw}\gamma_{fw})_{i,j,k-1/2}^{n+1} \left[D_{i,j,k}^{n+1} - D_{i,j,k-1}^{n+1} \right] \right\}$$

$$= \left(\frac{V_b \varphi_f}{\alpha_c B_{fw}} \right)_{i,j,k} \left[\frac{S_{fw}^{n+1} - S_{fw}^n}{\Delta t} \right]_{i,j,k} - (V_b q_{gs(m-f)} - q_{fg} + q_{dws})_{i,j,k}^n \qquad (5\text{-}44)$$

其中

$$(T_{nl})_{i\pm1/2,j,k} = \left[\beta_c k_{xn0} A_x \frac{k_{rnl}}{\mu_{nl} B_{nl} \Delta x} e^{-\alpha_k (p_{nl0} - p_{nl})} \right]_{i\pm1/2,j,k} \qquad (5\text{-}45)$$

$$(T_{nl})_{i,j\pm1/2,k} = \left[\beta_c k_{yn0} A_y \frac{k_{rnl}}{\mu_{nl} B_{nl} \Delta y} e^{-\alpha_k (p_{nl0} - p_{nl})} \right]_{i,j\pm1/2,k} \qquad (5\text{-}46)$$

$$(T_{nl})_{i,j,k\pm1/2} = \left[\beta_c k_{zn0} A_z \frac{k_{rnl}}{\mu_{nl} B_{nl} \Delta z} e^{-\alpha_k (p_{nl0} - p_{nl})} \right]_{i,j,k\pm1/2} \qquad (5\text{-}47)$$

5.6.2　压力方程的推导

令

$$C_{mg} = \left(\frac{V_b \phi_m}{\alpha_c \Delta t} \right)_{i,j,k} \left(\frac{1}{B_{mg}} \right)_{i,j,k}^n \qquad (5\text{-}48)$$

$$C_{mw} = \left(\frac{V_b \phi_m}{\alpha_c \Delta t B_{mw}} \right)_{i,j,k} \qquad (5\text{-}49)$$

$$C_{mgc} = \left(\frac{1}{B_{mg}} \right)'_{i,j,k} (S_{mg}^n)_{i,j,k} \qquad (5\text{-}50)$$

$$C_{fgc} = \left(\frac{1}{B_{fg}} \right)'_{i,j,k} (S_{fg}^n)_{i,j,k} \qquad (5\text{-}51)$$

$$C_{fg} = \left(\frac{V_b \phi_f}{\alpha_c \Delta t} \right)_{i,j,k} \left(\frac{1}{B_{fg}} \right)_{i,j,k}^n \qquad (5\text{-}52)$$

$$C_{fw} = \left(\frac{V_b \phi_f}{\alpha_c \Delta t B_{fw}} \right)_{i,j,k} \qquad (5\text{-}53)$$

基质系统气水流动方程可表示为

$$I_{mg} = C_{mg}B_{mg}^n C_{mgc}\left[(p_{mg})_{i,j,k}^{n+1} - (p_{mg})_{i,j,k}^n\right] + C_{mg}(S_{mg}^{n+1} - S_{mg}^n)$$
$$+ (V_b q_{gs(m-f)} + q_{mg})_{i,j,k}^n \tag{5-54}$$

$$I_{mw} = C_{mw}(S_{mw}^{n+1} - S_{mw}^n) + (V_b q_{gs(m-f)} + q_{mw})_{i,j,k}^n \tag{5-55}$$

裂缝系统气水流动方程可表示为

$$I_{fg} = C_{fg}B_{fg}^n C_{fgc}\left[(p_{fg})_{i,j,k}^{n+1} - (p_{fg})_{i,j,k}^n\right] + C_{fg}(S_{fg}^{n+1} - S_{fg}^n) - (V_b q_{gs(m-f)} - q_{fg})_{i,j,k}^n$$
$$\tag{5-56}$$

$$I_{fw} = C_{fw}(S_{fw}^{n+1} - S_{fw}^n) - (V_b q_{gs(m-f)} - q_{fw} + q_{dws})_{i,j,k}^n \tag{5-57}$$

可得基质系统压力方程表达式如下

$$C_{mw}I_{mg} + C_{mg}I_{mw} = C_{mw}C_{mg}B_{mg}^n C_{mgc}\left[(p_{mg})_{i,j,k}^{n+1} - (p_{mg})_{i,j,k}^n\right]$$
$$+ C_{mw}(V_b q_{gs(m-f)} + q_{mg})_{i,j,k}^n + C_{mg}(V_b q_{gs(m-f)} + q_{mw})_{i,j,k}^n$$
$$\tag{5-58}$$

裂缝系统压力方程表达式如下

$$C_{fw}I_{fg} + C_{fg}I_{fw} = C_{fw}C_{fg}B_{fg}^n C_{fgc}\left[(p_{fg})_{i,j,k}^{n+1} - (p_{fg})_{i,j,k}^n\right] - C_{fw}(V_b q_{gs(m-f)} - q_{mg})_{i,j,k}^n$$
$$- C_{fg}(V_b q_{gs(m-f)} - q_{fg} + q_{dws})_{i,j,k}^n$$
$$\tag{5-59}$$

5.6.3 差分方程的线性化

1. 网格块间传导系数的处理

相邻网格块间相传导率中的几何因子采用调和平均

$$\beta_c \left(\frac{A_x k_{xl0}}{\Delta x}\right)_{i\pm1/2,j,k} = \beta_c \frac{2A_{x_{i,j,k}} A_{x_{i\pm1,j,k}} k_{xl0_{i,j,k}} k_{xl0_{i\pm1,j,k}}}{A_{x_{i,j,k}} k_{xl0_{i,j,k}} \Delta x_{i\pm1,j,k} + A_{x_{i\pm1,j,k}} k_{xl0_{i\pm1,j,k}} \Delta x_{i,j,k}}$$
$$\tag{5-60}$$

$$\beta_c \left(\frac{A_y k_{yl0}}{\Delta y}\right)_{i,j\pm1/2,k} = \beta_c \frac{2A_{y_{i,j,k}} A_{y_{i\pm1,j,k}} k_{yl0_{i,j,k}} k_{yl0_{i,j+1,k}}}{A_{y_{i,j,k}} k_{yl0_{i,j,k}} \Delta y_{i,j\pm1,k} + A_{y_{i,j\pm1,k}} k_{yl0_{i,j\pm1,k}} \Delta y_{i,j,k}}$$
$$\tag{5-61}$$

$$\beta_c \left(\frac{A_z k_{zl0}}{\Delta z}\right) = \beta_c \frac{2A_{z_{i,j,k}} A_{z_{i\pm1,j,k}} k_{zl0_{i,j,k}} k_{zl0_{i\pm1,j,k}}}{A_{z_{i,j,k}} k_{zl0_{i,j,k}} \Delta z_{i\pm1,j,k} + A_{z_{i\pm1,j,k}} k_{zl0_{i\pm1,j,k}} \Delta z_{i,j,k}} \tag{5-62}$$

对传导率中与压力相关的弱非线性项及与饱和度相关的强非线性项都采用上游加权处理方法，流体从网格块(i,j,k)流向网格块$(i+1,j,k)$时

$$\left(\frac{k_{rnl}}{\mu_{nl}B_{nl}} e^{-\alpha_k(p_{nl0}-p_{nl})}\right)_{i+1/2,j,k} = \left(\frac{k_{rnl}}{\mu_{nl}B_{nl}} e^{-\alpha_k(p_{nl0}-p_{nl})}\right)_{i,j,k} \tag{5-63}$$

$$\left(\frac{k_{rnl}}{\mu_{nl}B_{nl}} e^{-\alpha_k(p_{nl0}-p_{nl})}\right)_{i,j+1/2,k} = \left(\frac{k_{rnl}}{\mu_{nl}B_{nl}} e^{-\alpha_k(p_{nl0}-p_{nl})}\right)_{i,j,k} \tag{5-64}$$

$$\left(\frac{k_{rnl}}{\mu_{nl}B_{nl}}e^{-\alpha_k(p_{nl0}-p_{nl})}\right)_{i,j,k+1/2} = \left(\frac{k_{rnl}}{\mu_{nl}B_{nl}}e^{-\alpha_k(p_{nl0}-p_{nl})}\right)_{i,j,k} \tag{5-65}$$

$$\left(\frac{k_{rnl}}{\mu_{nl}B_{nl}}e^{-\alpha_k(p_{nl0}-p_{nl})}\right)_{i-1/2,j,k} = \left(\frac{k_{rnl}}{\mu_{nl}B_{nl}}e^{-\alpha_k(p_{nl0}-p_{nl})}\right)_{i-1,j,k} \tag{5-66}$$

$$\left(\frac{k_{rnl}}{\mu_{nl}B_{nl}}e^{-\alpha_k(p_{nl0}-p_{nl})}\right)_{i,j-1/2,k} = \left(\frac{k_{rnl}}{\mu_{nl}B_{nl}}e^{-\alpha_k(p_{nl0}-p_{nl})}\right)_{i,j-1,k} \tag{5-67}$$

$$\left(\frac{k_{rnl}}{\mu_{nl}B_{nl}}e^{-\alpha_k(p_{nl0}-p_{nl})}\right)_{i,j,k-1/2} = \left(\frac{k_{rnl}}{\mu_{nl}B_{nl}}e^{-\alpha_k(p_{nl0}-p_{nl})}\right)_{i,j,k-1} \tag{5-68}$$

2. 压力、饱和度相关参数的线性化

与压力有关的弱非线性项可以用显示方法、简单迭代法进行线性化处理，而与饱和度有关的强非线性项用显示法处理会引起严重的稳定性问题。故常采用迭代法、隐式法进行处理，于是对这两种非线性参数采用牛顿迭代法使非线性方程线性化。

压力方程经过线性化处理后可得到线性方程组的矩阵结构，基质系统压力方程的矩阵形式如下

$$B_{m_{i,j,k}}p^{n+1}_{m_{i,j,k-1}} + S_{m_{i,j,k}}p^{n+1}_{m_{i,j-1,k}} + W_{m_{i,j,k}}p^{n+1}_{m_{i-1,j,k}} + C_{m_{i,j,k}}p^{n+1}_{m_{i,j,k}} + E_{m_{i,j,k}}p^{n+1}_{m_{i+1,j,k}}$$
$$+ N_{m_{i,j,k}}p^{n+1}_{m_{i,j+1,k}} + A_{m_{i,j,k}}p^{n+1}_{m_{i,j,k+1}} = Q_{m_{i,j,k}} \tag{5-69}$$

裂缝系统压力方程的矩阵形式如下

$$B_{f_{i,j,k}}p^{n+1}_{f_{i,j,k-1}} + S_{f_{i,j,k}}p^{n+1}_{f_{i,j-1,k}} + W_{f_{i,j,k}}p^{n+1}_{f_{i-1,j,k}} + C_{f_{i,j,k}}p^{n+1}_{f_{i,j,k}} + E_{f_{i,j,k}}p^{n+1}_{f_{i+1,j,k}}$$
$$+ N_{f_{i,j,k}}p^{n+1}_{f_{i,j+1,k}} + A_{f_{i,j,k}}p^{n+1}_{f_{i,j,k+1}} = Q_{f_{i,j,k}} \tag{5-70}$$

5.6.4　线性方程组的解法

求解线性方程组的方法有很多，如直接求解法中的高斯消元法、Crout 分解法、高斯-约当降阶法，迭代求解法中的简单迭代法以及 Gauss-Seidel 法等。在油藏模拟中应用最广泛的是逐次超松弛迭代法（SOR）。SOR 法是以减少求解过程的迭代次数为目标，通过修改未知量估计值来加速解的收敛。该方法求解方程的基本思路如下。

线性方程系统的 Gauss-Seidel 迭代余项可表示为

$$R_i^{(k)} = d_i - \left[\sum_{j=1}^{i-1}a_{ij}x_j^{(k+1)} + \sum_{j=i}^{n}a_{ij}x_j^{(k)}\right] \tag{5-71}$$

则 Gauss-Seidel 迭代形式可表示为

$$x_i^{(k+1)} = x_i^{(k)} + \frac{R_i^{(k)}}{a_{ii}} \tag{5-72}$$

在余项 $R_i^{(k)}$ 上剩以松弛因子 ε，用 εR_i^k 更好的改进 $x_i^{(k)}$，从而使得下一步迭

代所得到的 x_i^{k+1} 能更接近于所求的解加快迭代过程的收敛速度，则式(5-72)可表示为

$$x_i^{(k+1)} = x_i^{(k)} + \frac{\varepsilon}{a_{ij}}\Big[d_i - \sum_{j=1}^{i-1}a_{ij}x_j^{(k+1)} - \sum_{j=i}^{n}a_{ij}x_j^{(k)}\Big] \qquad (5\text{-}73)$$

根据上述方法可以求解压力方程得到储层的压力分布，然后回代求解饱和度分布，这样就完成了一个时间步的计算。

5.7 井模型处理

在油藏数值模拟中，井即为模型的内边界条件，根据内边界的定义，井模型处理的关键就是如何由井底流压算出射孔所在网格的产量进而算出井的产量（对于定井底流压生产），或是由井产量（生产量或注入量）算出每个射孔网格的井筒压力从而得到射孔网格所分得的产量（对于定产量生产）。射孔网格的产量即为差分方程中的产量项，有了这一项就可以进行差分方程的求解，得到网格压力和饱和度的分布，因此井模型的处理即为差分方程中产量的求取问题。

当井垂直穿过多层时，井的总流量等于所有射孔层段流量的累加，即有

$$q_{ls} = -J_{lk}(p_k - p_{wf_k}) \qquad (5\text{-}74)$$

将所有射孔层段的流量累加起来就得到了井的总流量

$$q_{lsc} = -\sum_k J_{lk}(p_k - p_{wf_k}) \qquad (5\text{-}75)$$

其中

$$J_{lk} = \frac{2\pi\beta_c k_{H_k}h_k}{\mu_{lk}B_{lk}\big[\ln(r_{eq_k}/r_w) + S\big]} \qquad (5\text{-}76)$$

$$k_{H_k} = \sqrt{k_x k_y} \qquad (5\text{-}77)$$

$$r_{eq_k} = 0.28\frac{\big[(k_y/k_x)^{1/2}(\Delta x)^2 + (k_x/k_y)^{1/2}(\Delta y)^2\big]^{1/2}}{(k_y/k_x)^{1/4} + (k_x/k_y)^{1/4}} \qquad (5\text{-}78)$$

式中，k_x，k_y——x，y 方向的渗透率。

5.7.1 定井底流压生产

对于定压井，根据井底压力 $p_{wf_{ref}}$ 可以求出每个射孔层的井筒压力 p_{wf_k}，从而求出每个射孔层所在网格的产量 q_{lsk}，最终求出井的产量 q_{ls}。计算井筒压力用到的公式有

$$p_{wf_k} = p_{wf_{ref}} + \bar{\gamma}_{wb}(H_k - H_{ref}) \qquad (5\text{-}79)$$

$$\bar{\gamma}_{wb} = \gamma_c g \frac{\rho_{gs} q_{gs} + \rho_{gs} q_{ws}}{B_g q_{gs} + B_w q_{ws}} \tag{5-80}$$

$$B_g = B_g(\bar{p}_{wf}), B_w = B_w(\bar{p}_{wf}) \tag{5-81}$$

$$\bar{p}_{wf} = \frac{p_{wf_{ref}} + p_{wf_{nk}}}{2} \tag{5-82}$$

式中，$p_{wf_{nk}}$——最低射孔层段的井筒压力，MPa；

5.7.2　定产量生产

对于穿过多个网格块的定产量井，需将给定的井的产量或注入量分配给每个射孔的网格块，常用势分配法将产量分给单层。在多相流系统中，生产井常采用标准条件下定产气量或定产油量生产，此处以标准条件下定产气量为例，说明给定产量的分配过程。

在分配产出流体或注入流体的势分配法中，将式(5-74)与式(5-75)合并，得

$$q_{gs_k} = \frac{J_{gk}(p_k - p_{wf_k})}{\sum_k J_{gk}(p_k - p_{wf_k})} q_{gs} \tag{5-83}$$

其中井底压力 p_{wf_k} 可由式(5-79)求的，而井底流压 $p_{wf_{ref}}$ 可通过下式求得

$$p_{wf_{ref}} = \frac{\sum_k \{J_{gk}[p_k - \bar{\gamma}_{wb}(H_k - H_{ref})]\} + q_{gs}}{\sum_k J_{gk}} \tag{5-84}$$

通过上述计算可求得每个射孔层所在网格的产气量 q_{gs_k} 以及井的产气量 q_{gs}。

第6章 异常高压底水气藏水侵规律研究

6.1 水侵机理模型

6.1.1 程序设计流程

对第5章建立的三维气－水两相渗流数学模型的求解实际上是在每个时间步长下对线性方程组的求解，因此利用 MATLAB 7.12.0 编制了求解上述渗流数学模型的程序，在此基础上，建立了水侵机理模型，研究异常高压底水气藏的水侵规律，程序设计流程如图 6-1 所示。

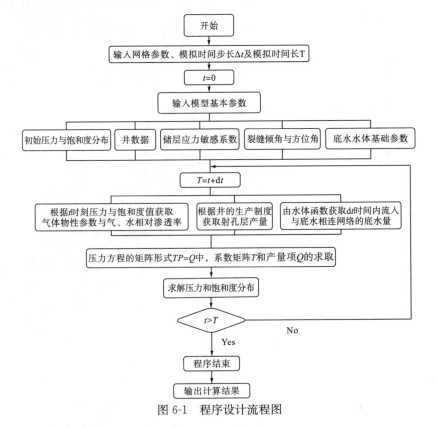

图 6-1 程序设计流程图

6.1.2 机理模型

模型采用 $17\times17\times40$ 的网格进行模拟计算，模型正中心有一口生产井，模型网格 X-Y 方向划分如图 6-2 所示。

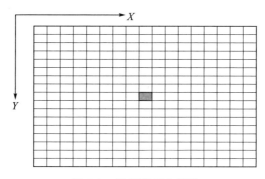

图 6-2 机理模型示意图

6.1.3 模型基本数据

1. 模拟网格数据

模型基本网格数据如表 6-1 中所示。

表 6-1 模型基本网格数据

Nx	Ny	Nz	Dx/m	Dy/m	Dz/m
17	17	40	80	80	10

2. 气藏流体 PVT 参数

气藏流体的高压物性参数如表 6-2 所示。

表 6-2 气藏流体 PVT 参数

p/MPa	Z	μ_g/mPa·s	B_g/(m³/m³)
95	1.7325	0.0362	0.0073
85	1.6165	0.0344	0.0076
75	1.4611	0.0334	0.0078
66	1.3602	0.0313	0.0082
58	1.2713	0.0294	0.0088

p/MPa	Z	$\mu_g/\mathrm{mPa \cdot s}$	$B_g/(\mathrm{m^3/m^3})$
50	1.1842	0.0273	0.0095
46	1.1419	0.0262	0.0099
38	1.062	0.0239	0.0112
30	0.9933	0.0215	0.0132
26	0.966	0.0202	0.0149
18	0.9338	0.0177	0.0208
14	0.9319	0.0166	0.0266
10	0.9404	0.0157	0.0376
6	0.9584	0.0149	0.0639

3. 相渗曲线

气藏基质系统和裂缝系统相对渗透率见表 6-3 和表 6-4。

表 6-3　气藏基质系统相对渗透率表

S_g	k_{mrg}	k_{mrw}
0.2	0	0.1545
0.2106	0.0001	0.1406
0.2213	0.0002	0.1192
0.2425	0.0004	0.1016
0.2531	0.0007	0.0853
0.2744	0.0011	0.0628
0.2957	0.0028	0.0402
0.3275	0.0051	0.0307
0.3488	0.0083	0.0209
0.37	0.0117	0.0135
0.4019	0.0156	0.0092
0.4551	0.0434	0.0055
0.6676	0.4359	0

表 6-4　气藏裂缝系统相对渗透率表

S_g	k_{frg}	k_{frw}
0	0	1
0.2	0.2	0.8
0.5	0.5	0.5
0.8	0.8	0.2
1	1	0

5. 其他参数

模型所需其他参数见表 6-5.

表 6-5　其他参数

项目	数值
气水界面深度/m	5500
基准面深度/m	5300
地层初始压力/MPa	90
基准面地层温度/K	373.15
地面水密度/Kg/m³	1024
地面气体密度 Kg/m³	0.789
气的相对密度	0.566
水的地层体积系数	1.02474
地层水黏度/mPa·s	0.2316
地层水压缩系数/MPa⁻¹	1.2×10^{-6}
岩石压缩系数/MPa⁻¹	1.34×10^{-6}
底水水体大小/m³	1.0×10^{9}
基质初始含水饱和度/%	0.3325
基质初始含气饱和度/%	0.6675
裂缝初始含水饱和度/%	0.3325
裂缝初始含气饱和度/%	0.6675

6.1.4　模型可靠性检验

1. 模型零流量验证

零流量验证是模拟软件可靠性测试的必要方法之一，数值模拟中的零平衡验证，是指将相应模型中所有源汇项（生产井和注入井）都设为零，在此情况下让模拟软件进行运算，然后检查模拟结果是否合理。

在模型中心一口生产井（即井的位置为(9，9)），为了进行零流量验证将其产量设置为零（零平衡）。运行该模型，模拟时间为 20 年，从模拟开始到结束，气藏各节点压力与饱和度值都保持不变，这说明了本书模型的零平衡验证符合要求。

2. 模型可靠性验证

在不考虑裂缝特征、储层应力敏感性以及底水入侵的情况下，用编程模拟计算的结果与数模软件 Eclipse 模拟的结果进行对比分析，以检验模型的可靠性。模型中心一口生产井以定产量生产，日产气量 10×10^4 m³/d，井底流压控制在 45MPa，气井生产 20 年，储层基质孔隙度 4.4%，基质渗透率 0.102mD，裂缝孔隙度 0.5%，裂缝渗透率 0.5mD。模拟对比的原始地质储量如表 6-6 所示，模拟对比气井生产指标如表 6-7 所示，生产水气比与采出程度关系的对比如图 6-3所示。从表 6-6、表 6-7 和图 6-3 可以看出 Eclipse 计算结果与编程计算结果接近，在误差允许的范围内，因此建立的模型是可靠的。

表 6-6　储量计算对比表

模型	气储量/10^8 m³	水储量/10^4 m³
Eclipse 模拟	14.8460	528.1030
编程模拟	14.8833	528.1033

表 6-7　气井生产指标对比表

模型	累产气量/10^8 m³	累产水量/m³	最终采出程度/%
Eclipse 模拟	3.9121	18.6865	26.35
编程模拟	4.0158	18.6202	26.98

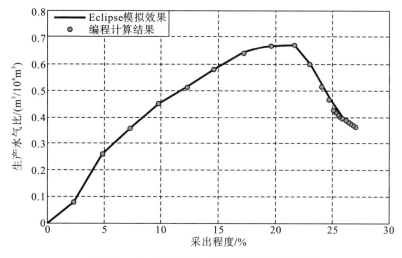

图 6-3　生产水气比与采出程度关系对比图

6.2　水侵规律影响因素分析

6.2.1　裂缝特征对水侵规律的影响

气井以定产量生产，日产气量 10×10^4 m³/d，井底流压控制在 45MPa，裂缝均匀分布在储层中，储层基质孔隙度 4.4%，基质渗透率 0.102mD，裂缝孔隙度 0.5%，裂缝主应力水平和垂直方向渗透率分别为 3mD 和 0.3mD，其他数据同表 6-2 所示。考虑裂缝倾角即裂缝主应力 σ_z 方向与储层主应力 z 方向夹角分别为 0°、10°、30°、50°、70° 时，裂缝方位角即裂缝主应力 σ_y 方向与储层主应力 y 方向夹角分别为 0°、10°、30°、50°、70° 时，研究裂缝特征对异常高压底水气藏水侵规律的影响，其模拟计算的结果如图 6-4～图 6-13 所示。

从图 6-4 可以看出，当裂缝倾角小于 10° 时，裂缝倾角对气井生产水气比的影响不大；当裂缝倾角大于 10° 时，裂缝倾角越大生产水气比上升越缓慢，采出程度越高。这是因为裂缝倾角越大即裂缝主应力 σ_z 方向与储层主应力 z 方向夹角越大，一方面底水不容易窜入裂缝进入气井，另一方面气体更容易沿裂缝进入气井，从而导致裂缝倾角越大，采出程度越高，生产水气比上升越缓慢。

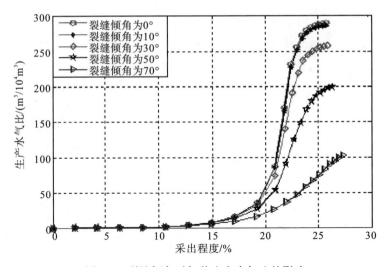

图 6-4 裂缝倾角对气井生产水气比的影响

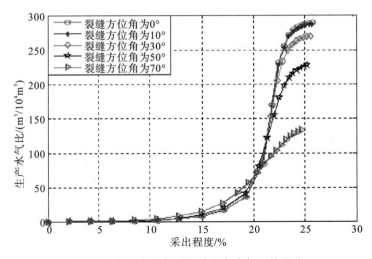

图 6-5 裂缝方位角对气井生产水气比的影响

从图 6-5 可以看出，当裂缝方位角小于 10°时，裂缝方位角对气井生产水气比的影响不大；但当裂缝方位角大于 10°时，裂缝方位角越大生产水气比上升越缓慢，采出程度越低。这是因为裂缝方位角越大，即裂缝主应力 σ_y 方向与储层主应力 y 方向夹角越大。一方面纵向上底水窜入裂缝但水平方向上底水并不容易沿裂缝侵入气井；另一方面由于底水占据裂缝使得气体不容易通过裂缝进入气井，从而导致裂缝方位角越大，采出程度略低，气井生产水气比上升越缓慢。

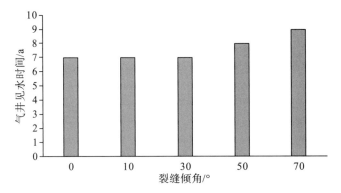

图 6-6　裂缝倾角对气井见水时间的影响

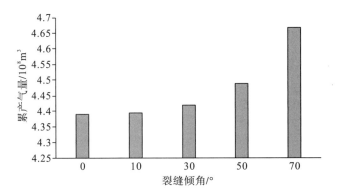

图 6-7　裂缝倾角对气井累产气量的影响

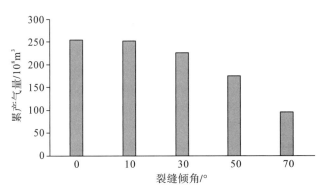

图 6-8　裂缝倾角对气井累产水量的影响

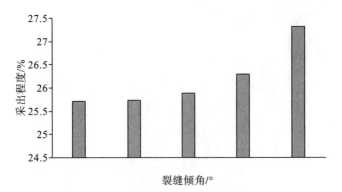

图 6-9 裂缝倾角对采出程度的影响

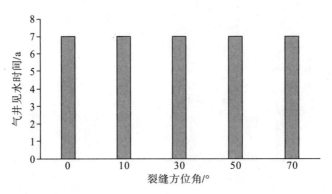

图 6-10 裂缝方位角对气井见水时间的影响

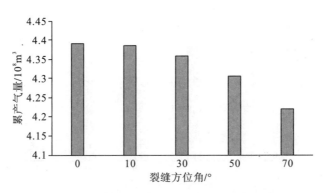

图 6-11 裂缝方位角对气井累产气量的影响

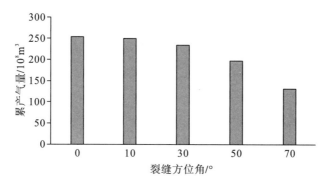

图 6-12　裂缝方位角对气井累产水量的影响

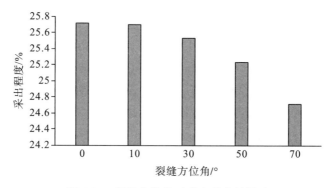

图 6-13　裂缝方位角对采出程度的影响

从图 6-6~图 6-9 可以看出，当裂缝倾角从 0°~30°时气井都在第 7 年见水，当裂缝倾角为 50°~70°时气井分别在第 8 年和第 9 年见水，故而当裂缝倾角大于 30°时随着裂缝倾角增大气井见水时间推迟。当裂缝倾为 0°时生产 20 年累计产气量为 4.391×10^8 m³，累计产水量为 254.448×10^4 m³，采出程度为 25.72%。当裂缝倾角分别为 10°、30°、50°、70°时，各自对应的累产气量为 4.394×10^8 m³、4.419×10^8 m³、4.448×10^8 m³、4.667×10^8 m³，与裂缝倾角为 0°时相比，累产气量上升率分别为 0.07%、0.64%、1.30%、6.29%；累产水量分别为 251.354×10^4 m³、226.781×10^4 m³、175.845×10^4 m³、95.178×10^4 m³，与裂缝倾角为 0°时相比，累产水量下降率分别为 1.22%、10.87%、30.89%、62.59%，采出程度分别为 25.74%、25.89%、26.29%、27.34%。因此，裂缝倾角越大，气井累产气量越大，累产水量越小，采出程度越大。

从图 6-10~图 6-13 可以看出，裂缝方位角对气井见水时间影响不大。当裂缝方位角为 0°时生产 20 年累计产气量为 4.391×10^8 m³，累计产水量为 254.448 $\times 10^4$ m³，采出程度 25.72%。当裂缝方位角分别为 10°、30°、50°、70°时，各自对应的累产气量为 4.387×10^8 m³、4.360×10^8 m³、4.307×10^8 m³、4.220$\times$

10^8 m³，与裂缝方位角为 0°时相比，累产气量下降率分别为 0.09％、0.71％、1.91％、3.89％，累产水量分别为 252.008 × 10^4 m³、234.404 × 10^4 m³、196.624×10^4 m³、133.072×10^4 m³；与裂缝方位角为 0°时相比，累产水量下降率分别为 0.96％、7.88％、22.73％、47.70％，采出程度分别为 25.70％、25.54％、25.23％、24.72％。因此，裂缝方位角越大，气井累产气量越小，累产水量越小，采出程度越低。

通过上面的分析可知，当裂缝倾角或方位角小于10°时，可不考虑裂缝倾角和方位角对异常高压底水气藏水侵规律的影响。当裂缝倾角大于10°时，裂缝倾角越大，采出程度越高，气井生产水气比上升越缓慢，累产气量越大，累产水量越小，当裂缝倾角大于30°时随着裂缝倾角增大气井见水时间推迟。当裂缝方位角大于10°时，裂缝方位角越大，采出程度越低，气井生产水气比上升越缓慢，累产气量、累产水量越小，裂缝方位角对气井见水时间影响不大。因此，在气藏开采过程中应充分考虑裂缝特征对异常高压底水气藏水侵规律的影响。

6.2.2　水侵模式对水侵规律的影响

考虑异常高压底水气藏在开发过程中水锥型、纵窜型、横侵型及纵窜横侵型 4 种水侵模式。研究不同水侵模式对异常高压底水气藏水侵规律的影响，模拟渗透率参数如表 6-8 所示，模拟计算的结果如图 6-14～图 6-18 所示。

表 6-8　不同水侵模式模拟方案

水侵模式	水锥型	纵窜型	横侵型	纵窜横侵型
裂缝类型	微细裂缝网	一条沟通底水与气井的裂缝	两条相互连通的裂缝沟通了底水与气井	一条连通高渗层的裂缝且高渗层连通气井
微裂缝渗透率/mD	0.5	0.5	0.5	0.5
大裂缝渗透率/mD	——	10	10	10
高渗层渗透率/mD				5

从图 6-14 可以看出，对比水锥型、纵窜型、横侵型与纵窜横侵型 4 种水侵模式可知，相同采出程度下气井生产水气比从大到小依次为：纵窜型、横侵型、纵窜横侵型、水锥型。这是因为水锥型水侵模式中底水主要通过储层中的微裂缝侵入气井水的入侵速度较其他 3 种水侵模式慢；纵窜型水侵模式中底水主要通过与气井沟通的大裂缝直接窜入气井，水直接通过该大裂缝窜入气井，水侵现象明显；横侵型水侵模式中底水主要通过两个沟通的裂缝窜入气井，故水侵速度明显滞后于纵窜型水侵模式；纵窜横侵型水侵模式中底水首先通过裂缝窜入高渗层，再通过高渗层侵入气井，水的侵入速度较水锥型快但比纵窜型和横侵型慢。

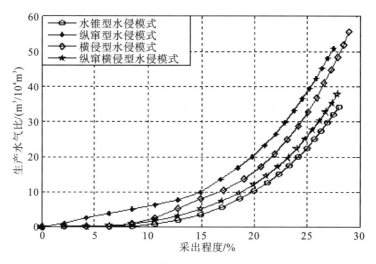

图 6-14　不同水侵模式对气井生产水气比的影响

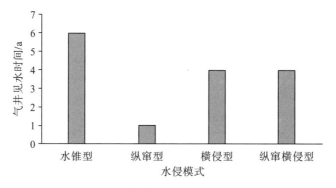

图 6-15　不同水侵模式对气井见水时间的影响

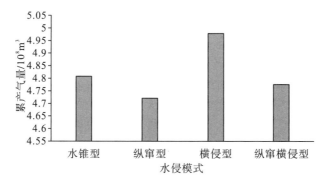

图 6-16　不同水侵模式对气井累产气量的影响

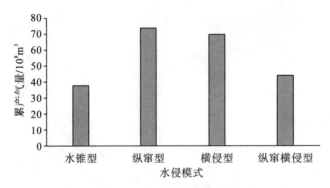

图 6-17　不同水侵模式对气井累产水量的影响

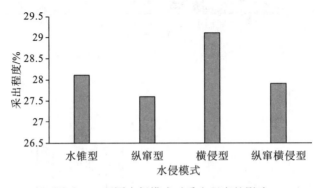

图 6-18　不同水侵模式对采出程度的影响

从图 6-15～图 6-18 可以看出，水锥型水侵模式下气井在第 6 年见水，累产气量为 $4.809×10^8$ m³，累产水量为 $38.286×10^4$ m³，采出程度为 28.12％，与纵窜型水侵模式相比，气井延迟 5 年见水，累产气量上升了 1.83％，累产水量下降了 93.14％，与横侵型水侵模式相比，气井见水时间延迟 2 年，累产气量下降了 3.53％，累产水量下降了 82.05％，与纵窜横侵型水侵模式相比，气井见水时间延迟 2 年，累产气量上升了 0.73％，累产水量下降了 15.78％。

通过上面的分析可知，纵窜型水侵模式下，气井见水时间最早，相同采出程度下生产水气比最大，累产水量最大，累产气量最小，采出程度最低；水锥型水侵模式下，气井见水时间最晚，相同采出程度下生产水气比最小，累产水量最小；横侵型水侵模式下气井累产气量最大，采出程度最高。

6.2.3　不同水侵模式下裂缝与基质渗透率比值对水侵规律的影响

由于上述 4 种水侵模式中水锥型水侵模式下储层中分布的是微细裂缝网不存在大裂缝，故考虑纵窜型、横侵型以及纵窜横侵型水侵模式下大裂缝渗透率和基质渗透率比值分别为 10，50，100，500，1000 时，研究大裂缝渗透率和基质渗透率比值对异常高压底水气藏水侵规律的影响，其模拟计算的结果如图 6-19~图 6-25 所示。

从图 6-19~图 6-21 可以看出，不同水侵模式下大裂缝与基质渗透率比值对异常高压底水气藏水侵规律的影响不同。纵窜型水侵模式与横侵型水侵模式下，大裂缝与基质渗透率比值越大，生产水气比上升越快。纵窜横侵型水侵模式下，大裂缝与基质渗透率比值对生产水气比影响不大。这是因为在纵窜型与横侵型水侵模式下底水通过大裂缝直接与气井沟通。大裂缝的渗透率越大且底水更容易通过大裂缝窜入气井，然而在纵窜横侵型水侵模式下底水需要先通过大裂缝进入高渗层，再由高渗层进入气井。当大裂缝渗透率越大时底水容易通过大裂缝进入高渗层，但在高渗层留滞不能直接大量的进入气井。故而纵窜型水侵模式与横侵型水侵模式下大裂缝与基质渗透率比值对气井生产水气比的影响较大，而纵窜横侵型水侵模式下的影响较小。

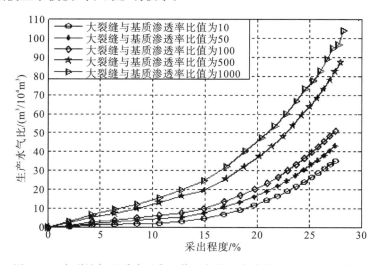

图 6-19　大裂缝与基质渗透率比值对气井生产水气比的影响(纵窜型)

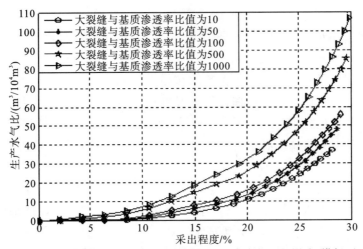

图 6-20　大裂缝与基质渗透率比值对气井生产水气比的影响（横侵型）

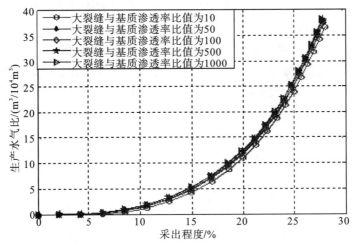

图 6-21　大裂缝与基质渗透率比值对气井生产水气比的影响（纵窜横侵型）

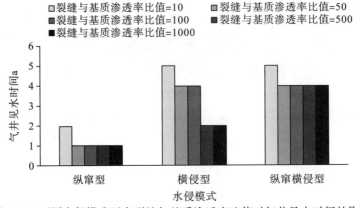

图 6-22　不同水侵模式下大裂缝与基质渗透率比值对气井见水时间的影响

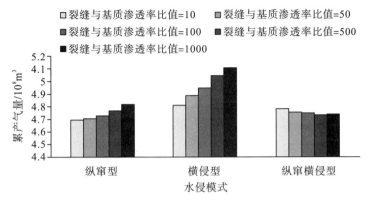

图 6-23　不同水侵模式下大裂缝与基质渗透率比值对气井累产气量的影响

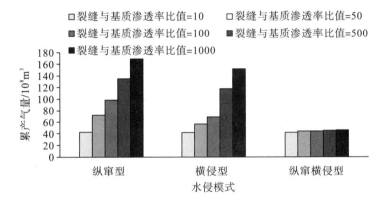

图 6-24　不同水侵模式下大裂缝与基质渗透率比值对气井累产水量的影响

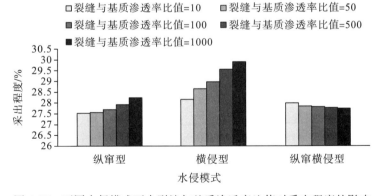

图 6-25　不同水侵模式下大裂缝与基质渗透率比值对采出程度的影响

从图 6-22～图 6-25 可知，纵窜型水侵模式下大裂缝与基质渗透率比值为 10 时，气井在第 2 年见水，累产气量为 $4.696 \times 10^8 \text{ m}^3$，累产水量 $43.339 \times 10^4 \text{ m}^3$，采出程度 27.51%。当大裂缝与基质渗透率比值分别为 50、100、500、1000 时，对应的气井均在第 1 年内见水，与比值为 10 时相比，气井见水时间均提前了 1 年；累产气量分别为 4.688×10^8 m^3、4.681×10^8 m^3、4.768×10^8 m^3、4.819×10^8 m^3，与比值为 10 时相比，累产气量分别上升了 0.18%、0.76%、1.53%、2.62%；累产水量分别为 73.035×10^4 m^3、99.067×10^4 m^3、135.803×10^4 m^3、169.50×10^4 m^3，与比值为 10 时相比，累产水量分别上升了 68.52%、128.59%、213.85%、291.15%；采出程度分别为 27.56%、27.72%、27.93%、28.23%。

从图 6-22～图 6-25 可知，横侵型水侵模式下大裂缝与基质渗透率比值为 10 时，气井在第 5 年见水，累产气量为 4.809×10^8 m^3，累产水量 42.423×10^4 m^3，采出程度 28.17%。当大裂缝与基质渗透率比值分别为 50、100、500、1000 时，对应的气井见水时间为第 4、4、2、2 年内，与比值为 10 时相比，气井见水时间分别提前了 1、1、3、3 年，累产气量分别为 4.891×10^8 m^3、4.945×10^8 m^3、5.047×10^8 m^3、5.105×10^8 m^3，与比值为 10 时相比，累产气量分别上升了 1.71%、2.83%、4.95%、6.16%；累产水量分别为 52.228×10^4 m^3、69.232×10^4 m^3、118.176×10^4 m^3、152.439×10^4 m^3，与比值为 10 时相比，累产水量分别上升了 34.90%、63.19%、178.57%、259.33%；采出程度分别为 28.65%、28.97%、29.57%、29.90%。

从图 6-22～图 6-25 可知，纵窜横侵型水侵模式下大裂缝与基质渗透率比值为 10 时，气井在第 5 年见水，累产气量为 4.781×10^8 m^3，累产水量 41.974×10^4 m^3，采出程度 28.01%。当大裂缝与基质渗透率比值分别为 50、100、500、1000 时，气井见水时间均为第 4 年内，与比值为 10 时相比，气井见水时间均提前了 1 年，累产气量分别为 4.758×10^8 m^3、4.750×10^8 m^3、4.734×10^8 m^3、4.738×10^8 m^3，与比值为 10 时相比，累产气量分别下降了 0.48%、0.65%、0.98%、0.90%；累产水量分别为 43.835×10^4 m^3、44.509×10^4 m^3、45.364×10^4 m^3、45.505×10^4 m^3，与比值为 10 时相比，累产水量分别上升了 4.43%、6.04%、8.08%、8.41%；采出程度分别为 27.87%、27.82%、27.76%、27.75%。

通过上面的分析可知，不同水侵模式下大裂缝与基质渗透率比值对异常高压底水气藏水侵规律的影响不同。纵窜型水侵模式与横侵型水侵模式下，大裂缝与基质渗透率比值对异常高压底水气藏水侵规律的影响较大，而纵窜横侵型水侵模式下，大裂缝与基质渗透率比值对异常高压底水气藏水侵规律的影响较小。

6.2.4 不同水侵模式下日产气量对水侵规律的影响

分别考虑在上述 4 种水侵模式下日产气量分别为 5×10^4 m³/d，10×10^4 m³/d，15×10^4 m³/d，20×10^4 m³/d，25×10^4 m³/d 时，其他参数同前，研究日产气量对异常高压底水气藏水侵规律的影响，其模拟计算的结果如图 6-26～图 6-33 所示。

从图 6-26～图 6-29 可以看出，在上述 4 种不同水侵模式下，当日产气量小于 15×10^4 m³/d 时，日产气量越大，气井生产水气比上升越快，最终采出程度越高；而当日产气量大于 15×10^4 m³/d 时，日产气量对气井生产水气比与采出程度的影响不大。

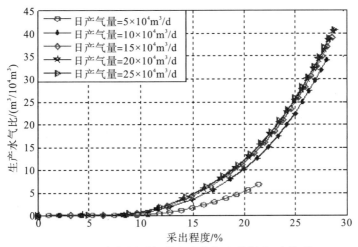

图 6-26 日产气量对气井生产水气比的影响(水锥型)

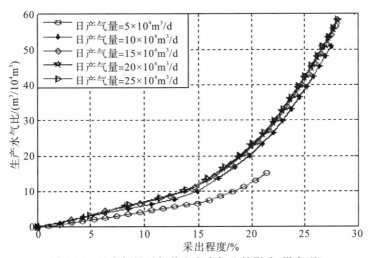

图 6-27 日产气量对气井生产水气比的影响(纵窜型)

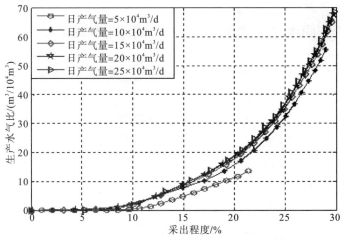

图 6-28　日产气量对气井生产水气比的影响（横侵型）

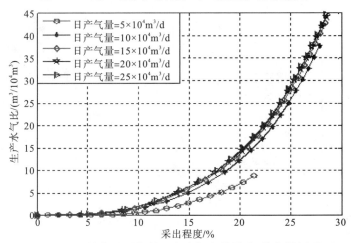

图 6-29　日产气量对气井生产水气比的影响（纵窜横侵型）

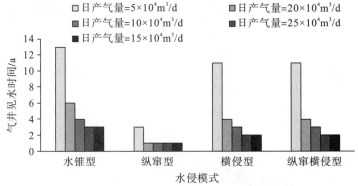

图 6-30　不同水侵模式下日产气量对气井见水时间的影响

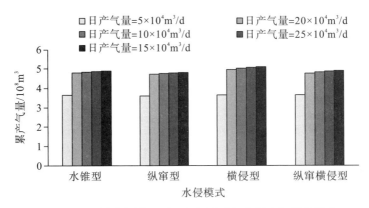

图 6-31　不同水侵模式下日产气量对气井累产气量的影响

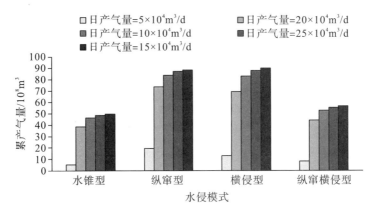

图 6-32　不同水侵模式下日产气量对气井累产水量的影响

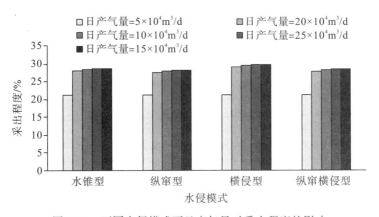

图 6-33　不同水侵模式下日产气量对采出程度的影响

从图 6-30~图 6-33 可知，水锥型水侵模式下，日产气量为 5×10^4 m³/d 时，气井在第 13 年见水，累产气量为 3.653×10^8 m³，累产水量 5.473×10^4 m³，采

出程度 21.40%。当日产气量分别为 10×10^4 m³/d、15×10^4 m³/d、20×10^4 m³/d、25×10^4 m³/d 时，对应的气井见水时间为第 6、4、3、3 年内，与日产气量为 5×10^4 m³/d 时相比，气井见水时间分别提前了 7、9、10、10 年；累产气量分别为 4.809×10^8 m³、4.875×10^8 m³、4.901×10^8 m³、4.909×10^8 m³，与日产气量为 5×10^4 m³/d 时相比，累产气量分别上升了 31.65%、33.45%、34.16%、34.38%；累产水量分别为 38.286×10^4 m³、46.416×10^4 m³、48.968×10^4 m³、49.551×10^4 m³，与日产气量为 5×10^4 m³/d 时相比，累产水量分别上升了 599.64%、748.09%、794.72%、805.37%；采出程度分别为 28.12%、28.56%、28.71%、28.76%。

从图 6-30~图 6-33 可知，纵窜型水侵模式下，日产气量为 5×10^4 m³/d 时，气井在第 3 年见水，累产气量为 3.653×10^8 m³，累产水量 20.109×10⁴ m³，采出程度 21.40%。当日产气量分别为 10×10^4 m³/d、15×10^4 m³/d、20×10^4 m³/d、25×10^4 m³/d 时，气井见水时间均在第 1 年内，与日产气量为 5×10^4 m³/d 时相比，气井见水时间均提前了 2 年；累产气量分别为 4.721×10^8 m³、4.774×10^8 m³、4.796×10^8 m³、4.803×10^8 m³，与日产气量为 5×10^4 m³/d 时相比，累产气量分别上升了 29.24%、30.69%、31.29%、31.48%；累产水量分别为 73.944×10^4 m³、84.161×10^4 m³、87.561×10^4 m³、88.502×10^4 m³，与日产气量为 5×10^4 m³/d 时相比，累产水量分别上升了 269.37%、320.41%、337.39%、342.09%；采出程度分别为 27.60%、27.97%、28.09%、28.13%。

横侵型水侵模式下，日产气量为 5×10^4 m³/d 时，气井在第 11 年见水，累产气量为 3.653×10^8 m³，累产水量 13.068×10⁴ m³，采出程度 21.40%。当日产气量分别为 10×10^4 m³/d、15×10^4 m³/d、20×10^4 m³/d、25×10^4 m³/d 时，对应的气井见水时间为第 4、3、2、2 年内，与日产气量为 5×10^4 m³/d 时相比，气井见水时间分别提前了 7、9、9、9 年；累产气量分别为 4.981×10^8 m³、5.049×10^8 m³、5.081×10^8 m³、5.095×10^8 m³，与日产气量为 5×10^4 m³/d 时相比，累产气量分别上升了 36.35%、38.22%、39.09%、39.47%；累产水量分别为 69.701×10^4 m³、82.925×10^4 m³、87.972×10^4 m³、90.206×10^4 m³，与日产气量为 5×10^4 m³/d 时相比，累产水量分别上升了 433.37%、534.57%、573.19%、590.28%；采出程度分别为 29.12%、29.58%、29.77%、29.85%。

纵窜横侵型水侵模式下，日产气量为 5×10^4 m³/d 时，气井在第 11 年见水，累产气量为 3.653×10^8 m³，累产水量 7.966×10⁴ m³，采出程度 21.40%。当日产气量分别为 10×10^4 m³/d、15×10^4 m³/d、20×10^4 m³/d、25×10^4 m³/d 时，对应的气井见水时间为第 4、3、2、2 年内，与日产气量为 5×10^4 m³/d 时相比，气井见水时间分别提前了 7、9、9、9 年；累产气量分别为 4.774×10^8 m³、4.839×10^8 m³、4.864×10^8 m³、4.872×10^8 m³，与日产气量为 5×10^4 m³/d 时

相比，累产气量分别上升了 30.69%、32.47%、33.15%、33.37%；累产水量分别为 $44.328×10^4$ m³、$53.049×10^4$ m³、$55.682×10^4$ m³、$56.489×10^4$ m³，与日产气量为 $5×10^4$ m³/d 时相比，累产水量分别上升了 456.46%、565.94%、599.00%、609.13%；采出程度分别为 27.91%、28.35%、28.49%、28.54%。

通过上面的分析可知，日产气量对异常高压底水气藏水侵规律的影响存在一个临界值（书中为 $15×10^4$ m³/d），当日产气量小于该临界值时日产气量越大底水越易侵入气藏，当日产气量大于该临界值时，日产气量对异常高压底水气藏水侵规律的影响较小。

6.2.5　不同水侵模式下储层应力敏感性对水侵规律的影响

分别考虑在上述 4 种水侵模式下，考虑储层应力敏感性与不考虑时，以及储层应力敏感系数（α_k）分别为 0 MPa⁻¹，0.005 MPa⁻¹，0.01 MPa⁻¹，0.1 MPa⁻¹，0.5MPa⁻¹ 时，其他参数同前，研究储层应力敏感性对异常高压底水气藏水侵规律的影响，其模拟计算的结果如图 6-34～图 6-45 所示。

从图 6-34～图 6-37 可以看出，分别在水锥型、纵窜型、横侵型以及纵窜横侵型不同水侵模式下，考虑应力敏感较不考虑应力敏感时，气井生产气水比上升趋势变化不大，采出程度降低。

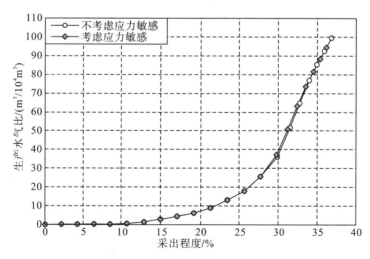

图 6-34　考虑应力敏感和不考虑时气井生产水气比与采出程度的关系（水锥型）

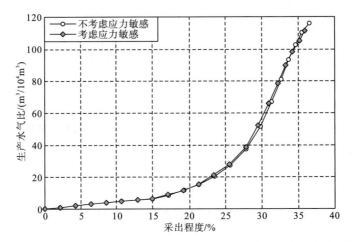

图 6-35　考虑应力敏感和不考虑时气井生产水气比与采出程度的关系(纵窜型)

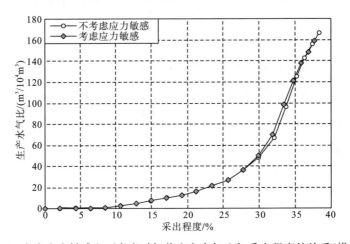

图 6-36　考虑应力敏感和不考虑时气井生产水气比与采出程度的关系(横侵型)

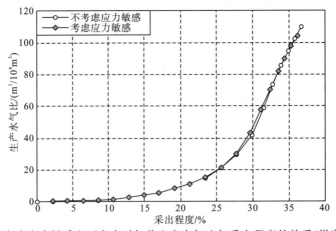

图 6-37　考虑应力敏感和不考虑时气井生产水气比与采出程度的关系(纵窜横侵型)

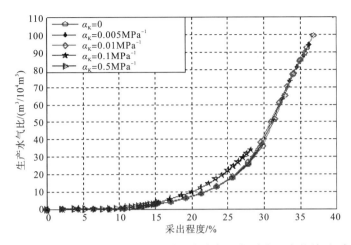

图 6-38 不同储层应力敏感系数下气井生产水气比与采出程度的关系(水锥型)

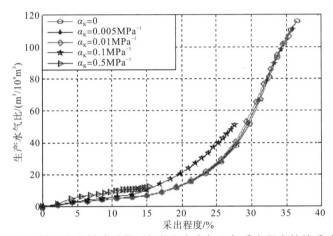

图 6-39 不同储层应力敏感系数下气井生产水气比与采出程度的关系(纵窜型)

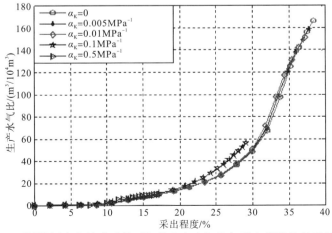

图 6-40 不同储层应力敏感系数下气井生产水气比与采出程度的关系(横侵型)

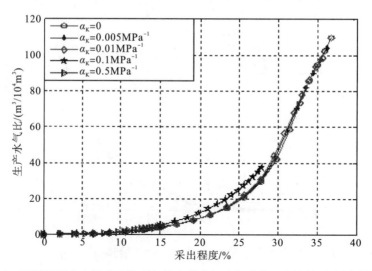

图 6-41 不同储层应力敏感系数下气井生产水气比与采出程度的关系(纵窜横侵型)

从图 6-38~图 6-41 可以看出,不同水侵模式下应力敏感对异常高压底水气藏水侵规律具有相似的影响。当应力敏感系数小于 0.01MPa^{-1} 时,应力敏感系数越大,采出程度和生产水气比变化不大;当应力敏感系数大于 0.01MPa^{-1} 时,应力敏感系数越大,采出程度越低,生产水气比上升较快。这是因为在开发过程中,当储层应力敏感性较弱时,随着地层压力降低,储层渗透率降低幅度较小,应力敏感对生产水气比和采出程度影响不大;然而当储层应力敏感性较强时,由于储层中微裂缝与大裂缝的存在,气井产水量的下降幅度明显低于产气量的下降幅度,从而采出程度降低的同时生产水气比上升趋势较快。

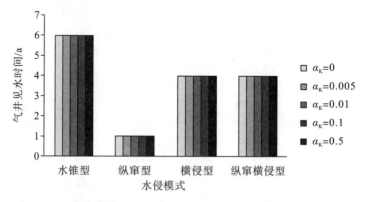

图 6-42 不同水侵模式下储层应力敏感系数对气井见水时间的影响

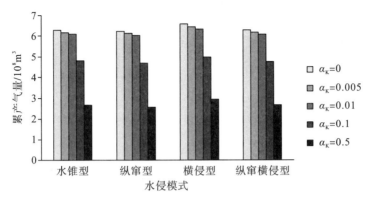

图 6-43　不同水侵模式下储层应力敏感系数对气井累产气量的影响

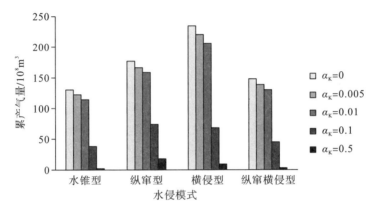

图 6-44　不同水侵模式下储层应力敏感系数对气井累产水量的影响

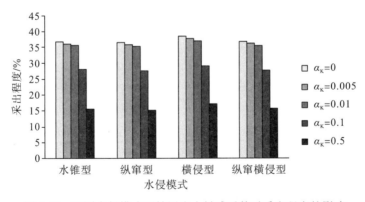

图 6-45　不同水侵模式下储层应力敏感系数对采出程度的影响

从图 6-42～图 6-45 可知，水锥型水侵模式下储层应力敏感性对气井见水时间影响不大，应力敏感系数分别为 0.005MPa^{-1}、0.01MPa^{-1}、0.1MPa^{-1}、0.5MPa^{-1}时，与应力敏感系数为 0MPa^{-1}时相比，累产气量分别下降了 1.54%、3.05%、23.56%、57.43%；累产水量分别下降了 6.26%、12.20%、70.70%、

98.42%；采出程度分别为 36.22%、35.66%、28.12%、15.66%。

　　纵窜型水侵模式下储层应力敏感性对气井见水时间影响不大，应力敏感系数分别为 0.005MPa^{-1}、0.01MPa^{-1}、0.1MPa^{-1}、0.5MPa^{-1} 时，与应力敏感系数为 0MPa^{-1} 时相比，累产气量分别下降了 1.62%、3.17%、24.37%、58.28%，累产水量分别下降了 6.38%、12.38%、70.38%、96.15%，采出程度分别为 35.91%、35.34%、27.60%、15.23%。

　　横侵型水侵模式下储层应力敏感性对气井见水时间影响不大，应力敏感系数分别为 0.005MPa^{-1}、0.01MPa^{-1}、0.1MPa^{-1}、0.5MPa^{-1} 时，与应力敏感系数为 0MPa^{-1} 时相比，累产气量分别下降了 1.66%、3.26%、24.19%、55.39%，累产水量分别下降了 38.82%、58.95%、79.69%、79.80%，采出程度分别为 37.78%、37.16%、29.12%、17.14%。

　　纵窜横侵型水侵模式下储层应力敏感性对气井见水时间影响不大，应力敏感系数分别为 0.005MPa^{-1}、0.01MPa^{-1}、0.1MPa^{-1}、0.5MPa^{-1} 时，与应力敏感系数为 0MPa^{-1} 时相比，累产气量分别下降了 1.61%、3.17%、24.04%、57.57%，累产水量分别下降了 6.32%、12.33%、70.20%、97.64%，采出程度分别为 36.16%、35.59%、27.91%、15.59%。

　　通过上面的分析可知，不同水侵模式下储层应力敏感性对异常高压底水气藏水侵规律具有相似的影响。储层应力敏感性对异常高压底水气藏气井见水时间影响不大，考虑储层应力敏感性较不考虑时，生产水气比上升规律变化不大，采出程度降低，累产水量与累产气量都减少。当储层应力敏感性较弱（书中为应力敏感系数小于 0.01MPa^{-1}）时，储层应力敏感性主要影响气井采出程度，对生产水气比影响不大。但当储层应力敏感性较强（书中为应力敏感系数大于 0.01MPa^{-1}）时，应力敏感系数越大，采出程度越低，生产水气比上升越快。

参 考 文 献

[1] 刘道杰，刘志斌，田中敬.改进的异常高压有水气藏物质平衡方程 [J].石油学报，2011，32(3)：474−478.

[2] 刘道杰，刘志斌，田中敬，等.异常高压有水气藏水侵规律新认识 [J].石油与天然气学报，2011，33(4)：129−132.

[3] 向祖平，陈中华，邱蜀峰.裂缝应力敏感性对异常高压低渗透气藏气井产能的影响 [J].油气地质与采收率，2010，17(2)：95−97.

[4] 王怒涛，黄炳光.气藏动态分析方法 [M].北京：石油工业出版社，2010.

[5] Fatt I, Davis D H. Reduction in Permeability with Overburden Pressure [J]. Journal of Petroleum Technology，SPE 952329，1952，4(12)：16.

[6] Fatt I. Compressibility of Sandstones at Low to Moderate Pressures. AAPG Bull [J]，1958，42(8)：1924−1957.

[7] Al−Hussainy R, Ramey Jr. H J, Crawford P B. The Flow of Real Gases Through Porous Media [J]. Journal of Petroleum Technology，1966，18(5)：624−636.

[8] Vairogs, Juris, Heam C L, et al. Effect of Rock Stress on Gas Production From Low−Permeability Reservoirs [J]. Journal of Petroleum Technology，1971，23(9)：1161−1167.

[9] Raghavan R, Scorer J D T, Miller F G. An Investigation by Numerical Methods of the Effect of Pressure−Dependent Rock and Fluid Properties on Well Flow Tests [J]. Society of Petroleum Engineers，SPE 2617，1972，12(3)：267−275.

[10] Thomas R D, Ward D C. Effect of Overburden Pressure and Water Saturation on Gas Permeability of Tight Sandstone Cores [J]. Journal of Petroleum Technology，1972，24(2)：120−124.

[11] Pedrosa Jr. Pressure Transient Response in Stress−Sensitive Formations [C]，Society of Petroleum Engineers，SPE 15115，SPE California Regional Meeting，2−4 April 1986，Oakland，California.

[12] Pedrosa Jr O A, Aziz K. Use of a hybrid grid in reservoir simulation [J]. SPE Reservoir Engineering，1986，1(06)：611−621.

[13] Rosalind Archer. Impact of Stress Sensitive Permeability on Production Data Analysis [C]，Society of Petroleum Engineers，SPE 114166，SPE Unconventional Reservoirs Conference，10−12 February 2008，Keystone，Colorado，USA.

[14] [苏] A. T. 戈尔布诺夫 [著]、异常油田开发 [M].张树宝 [译].北京：石油工业出版社，1987.

[15] Yuting Duan, Yingfeng Meng, Pingya Luo, et al. Stress Sensitivity of Naturally Fractured−porous Reservoir with Dual−porosity [C]，Society of Petroleum Engineers，SPE 50909，SPE International Oil and Gas Conference and Exhibition in China，2−6 November 1998，Beijing，China.

[16] Davies J P, Davies D K, David K. Stress−Dependent Permeability：Characterization and Modeling [C]，Society of Petroleum Engineers，SPE 56813，SPE Annual Technical Conference and Exhibition，3−6 October 1999，Houston，Texas.

[17] 秦积舜，张新红.变应力条件下低渗透储层近井地带渗流模型 [J].石油钻采工艺，2001，23(5)：41−44.

[18] Yang Shenglai, Wang Xiaoqiang, Feng Jilei, et al. Test and Study of Rock Pressure Sensitivity for KeLa-2 Gas Reservoir in the Tarim Basin [J]. Petroleum Science, 2004, 1(4): 11-16.

[19] 杨胜来, 肖香娇, 王小强, 等. 异常高压气藏岩石应力敏感性及其对产能的影响 [J]. 天然气工业, 2005, 25(5): 94~95.

[20] 黄继新, 彭仕宓, 黄述旺, 等. 异常高压气藏储层应力敏感性研究 [J]. 西安石油大学学报(自然科学版), 2005, 20(4): 21-25.

[21] 胡常忠, 张建东, 龚科. 川北高压异常油藏储层岩石应力敏感性及对开发的影响 [J]. Petroleum Geology and Engineering, 2007, 21(4): 46-48.

[22] 董平川, 江同文, 唐明龙. 异常高压气藏应力敏感性研究 [J]. 岩石力学与工程学报, 2008, 27(10): 2087-2093.

[23] 向祖平, 张烈辉, 李闽, 等. 储层应力敏感性对异常高压低渗气藏气井产能影响研究 [J]. 石油天然气学报(江汉石油学院学报), 2009, 31(2): 145-148.

[24] Xiao Xiangjiao, Sun Hedong, Han YongXin, et al. Dynamics Characteristics Evaluation Methods of Stress-Sensitive Abnormal High Pressure Gas Reservoir [C], Society of Petroleum Engineers, SPE 124415, SPE Annual Technical Conference and Exhibition, 4-7 October 2009, New Orleans, Louisiana.

[25] 向祖平, 陈中华, 邱蜀峰. 裂缝应力敏感性对异常高压低渗透气藏气井产能的影响 [J]. Petroleum Geology and Recovery Efficiency, 2010, 17(2): 95-97.

[26] Jiang Tongwen, Zhu Weihong, Xiao Xiangjiao, et al. the Study of Development Mechanism and Characteristics for Kela 2 Abnormally High Pressure Gas Field [C], Society of Petroleum Engineers, SPE 131953, International Oil and Gas Conference and Exhibition in China, 8-10 June 2010, Beijing, China.

[27] 冯鑫, 李丰辉, 侯东梅, 等. 异常高压油气藏储层物性随有效压力变化的研究 [J]. 中国海上油气, 2008, 20(5): 316-318.

[28] 雷红光, 方义生, 朱中谦. 上覆岩层压力下储层物性参数的整理方法 [J]. 新疆石油地质, 1995, 6(2): 165-169.

[29] 朱中谦, 王振彪, 李汝勇等. 异常高压气藏岩石变形特征及其对开发的影响 [J]. 天然气地球科学, 2003, 14(1): 60-64.

[30] 代平, 孙良田, 李闽. 低渗透砂岩储层孔隙度、渗透率与有效应力关系研究 [J]. 天然气工业, 2006, 26(5): 93-95.

[31] Agarwal R G, AL-Hussainy R, Ramey H J. The Importance of Water Influx in Gas Reservoirs [J]. Journal of Petroleum Technology, SPE1244, 1965, 17(11): 1336-1342.

[32] Wallace W E. Water Production from Abnormally Pressured Gas Reservoirs in South Louisianap [J]. Journal of Petroleum Technology, SPE 2225, 1969, 21(8): 969-982.

[33] Bass D M. Analysis of Abnormally Pressured Gas Reservoirs with Partial Water Influx [C]. Society of Petroleum engineers, SPE 3850. Abnormal Subsurface Pressure Symposium, 15-16 May 1972, Baton Rouge, Louisiana.

[34] AL-Hashim H S, Bass D M. Effect of Aquifer Size on the Performance of Partial Waterdrive Gas Reservoirs [J]. SPE Reservoir Engineering, SPE 13233, 1988, 3(2): 380-386.

[35] van Everdingen-Hurst W. The application of the Laplace transformation to flow problems in reservoirs. Trans. Of AIME, 1949, 186, 395

［36］张丽囡，李笑萍，赵春森，等.气井产出水的来源及地下相态的判断［J］.大庆石油学院学报，1993，
　　　17(2)：107－110.

［37］Poston S W，Akhtar M J. Differentiating Formation Compressibility and Water－Influx Effects in O-
　　　verpressured Gas Reservoirs［J］，SPE Reservoir Engineering，SPE 25478，1994，9(3)：183－187.

［38］杨雅和，李敏，杨国绪.多层合采气藏气井出水特征及水侵机理分析［J］.天然气工业，1996，16
　　　(1)：84－85.

［39］冯异勇，贺胜宁.裂缝性底水气藏气井水侵动态研究［J］.天然气工业，1998，18(3)：40－43.

［40］Olarewaju J S. Automated Analysis of Gas Reservoirs With Edgewater and Bottomwater Drives［C］，
　　　Society of Petroleum Engineers，SPE 19067，SPE Gas Technology Symposium，7－9 June 1989，
　　　Dallas，Texas.

［41］Lies H K. Aquifer Influx Modelling for Gas Reservoirs［C］，Society of Petroleum Engineers，SPE
　　　2000－029，Canadian International Petroleum Conference，Jun 4－8，2000 2000，Calgary，Alberta.

［42］周克明，李宁，张清秀，等.气水两相渗流及封闭气的形成机理实验研究［J］.天然气工业，2002，
　　　22(增刊)：122－125.

［43］吴建发，郭建春，赵金洲.裂缝性地层气水两相渗流机理研究［J］.天然气工业，2004，24(11)：
　　　85－87.

［44］张新征.裂缝型有水气藏水侵动态早期预测方法研究［D］.西南石油大学(硕士论文)，2005.

［45］贾长青.胡家坝石炭系气藏水侵特征及治水效果分析［D］.西南石油大学(硕士论文)，2005.

［46］何晓东，邹绍林，卢晓敏.边水气藏水侵特征识别机理初探［J］.天然气工业，2006，26(3)：
　　　87－89.

［47］姚麟昱.缝洞型气藏水侵动态研究［D］.西南石油大学(硕士论文)，2007.

［48］陈擎东，黄春建，刘纯，等.大涝坝气田上苏维依组水侵特征及动态分析［J］.中国西部油气地质，
　　　2007，3(1)：100－104.

［49］程开河，江同文，王新裕，等.和田河气田奥陶系底水气藏水侵机理研究［J］.天然气工业，2007，
　　　27(3)：108－110.

［50］卢国助.水驱气藏水侵动态分析方法研究［D］.西南石油大学，2008.

［51］胡俊坤，李晓平，李琰，等.异常高压气藏有限封闭水体能量评价［J］.石油与天然气地质，2009，
　　　30(6)：689－691.

［52］熊钰，欧阳沐鲲，钟吉彬，等.邛西北断块须二气藏水体特征及水侵动态分析［J］.内蒙古石油化工，
　　　2009，7，41－43.

［53］郝煦，郑静，王洪辉，等.蜀南地区嘉陵江组水侵活跃气藏出水特征研究［J］.天然气勘探与开发，
　　　2010，33(2)：43－46.

［54］熊钰，杨水清，乐宏，等.裂缝型底水气藏水侵动态分析方法［J］.天然气工业，2010，30(1)：
　　　61－64.

［55］Li M，Yang W J，Xiao Q Y，et al. Determination of the Aquifer Activity Level and the Recovery of
　　　Water Drive［C］，Society of Petroleum Engineers，SPE 127497，North Africa Technical Conference
　　　and Exhibition，14－17 February 2010，Cairo，Egypt.

［56］李凤颖，伊向艺，卢渊，等.异常高压有水气藏水侵特征［J］.特种油气藏，2011，18(8)：89－92.

［57］宋代诗雨.水驱气藏动态特征及分析方法研究［D］.西南石油大学(硕士论文)，2011.

［58］吴东昊，桑琴，周素彦，等.孔滩气田茅口组气藏水侵特征研究［J］.天然气勘探与开发，2011，34
　　　(2)：54－57.

[59] 丁显峰.异常高压气藏开发动态预测及水侵检测方法研究 [D], 西南石油大学, 2011.

[60] 李传亮.油藏工程原理 [M].北京：石油工业出版社, 2005.

[61] 杨胜来, 冯积累, 杨清立.深层异常高压气藏压降曲线特征研究 [J].天然气工业, 2004, 11：
113-115

[62] K. 太沙基著, 徐志英译：《理论土力学》, 地质出版社, 北京, 1960.（Terzaghi K, Theoretical Soil
Mechanics, John Wiley & Sons, New York, 1943.

[63] 李士伦.天然气工程 [M].北京：石油工业出版社, 2008.

[64] 杨胜来, 魏俊之.油层物理学 [M].北京：石油工业出版社, 2007.

[65] Hall K R, Yarborough L. A New Equation-of-State for Z-Factor Calculations [J]. Oil and Gas
Journal, 1973, 37(8)：82-92.

[66] Dranchuk P M, Purvis R A, Robinson D B. Computer Calculation of Natural Gas Compressibility Fac-
tors Using the Standing and Katz Correlation [J]. Inst of Petroleum Technical Series, 1974, 36(4)：
76-80.

[67] Dranchuk P M, Abu-Kassem J H. Calculation of Z-Factor for Natural Gases Using Equation-of-
State [J]. JCPT, 1975, 14(3)：34-36.

[68] Gopak V N. Gas Z-Factor Equation of State for Z-factor Calculation [J]. OIL&Gas Journal, 1973,
71(June)：82-92.

[69] 安超, 郭肖, 张勇, 等.异常高压气藏偏差因子计算方法优选 [J].重庆科技学院学报(自然科学版),
2010, 12(5)：92-93, 100.

[70] Hankinson R W, Thomas L K, Phlllllps K A. Predict natural gas properties [J]. Hydr Proc, 1969,
48(4)：106-108.

[71] Beggs H D, Brill J P. A Study of Two-phase Flow in Inclined Pipes, 1973, 607~617.

[72] 李相方, 刚涛, 庄湘琦, 等.高压天然气偏差系数的高精度解析模型 [J].石油大学学报(自然科学
版), 2001, 25(6)：45-46, 51.

[73] 张国东, 李敏, 柏冬玲.高压超高压天然气偏差系数实用计算模型—LXF 高压高精度天然气偏差系
数解析模型的修正 [J].天然气工业, 2005, 25(8)：79-80.

[74] 孙龙德, 宋文杰, 何君.塔里木盆地克拉 2 异常高压气田开发 [M].北京：石油工业出版社, 2011.

[75] 郭肖, 伍勇.启动压力梯度和应力敏感效应对低渗透气藏水平井产能的影响 [J].石油与天然气地质,
2007, 28(4)：539-543.

[76] Warren J E, Root P J. The Behavior of Naturally Fractured Reservoirs [J]. Society of Petroleum Engi-
neers, SPE 426, 1963, 3(3)：245-255.

[77] Kazemi H, Merrill L S, Porterield K L, et al. Numerical Simulation of Water-Oil Flow in Natrually
Fractured Reservoirs [J]. Society of Petroleum Engineers, SPE 5719, 1976, 16(6)：317-326.

[78] 张烈辉.油气藏数值模拟基本原理 [M].北京：石油工业出版社, 2005.

[79] 赵长庆, 常晓平, 吕晓华, 等.油藏模拟中的水体及收敛问题研究 [J].大庆石油地质与开发, 2003,
22(2)：31-34.

附　录　部分程序代码

```
% 基础参数
Grid. Nx = 17 ;% i 方向网格数
Grid. Ny = 17 ;% j 方向网格数
Grid. Nz = 20 ;% k 方向网格数
Grid. N = Grid. Nx * Grid. Ny * Grid. Nz ;
Grid. dx = 80 ;% i 方向网格大小,m
Grid. dy = 80 ;% j 方向网格大小,m
Grid. dz = 10 ;% k 方向网格大小,m
Grid. V = Grid. dx * Grid. dy * Grid. dz ;
Grid. Vb = Grid. Nx * Grid. Ny * Grid. Nz * Grid. dx * Grid. dy * Grid. dz ;
% 基质孔渗参数
Por. poro_m = 0. 044 ;% 基质系统孔隙度,小数
permx = 0. 102 ;% 基质系统渗透率,mD
permy = 0. 102 ;% 基质系统渗透率,mD
permz = 0. 0102 ;% 基质系统渗透率,mD
perm1 = ones( Grid. Nx,Grid. Ny,Grid. Nz). * permx ;
% 将 i 方向渗透率存储为矩阵形式,可修改任意网格的 i 方向渗透率
perm2 = ones( Grid. Nx,Grid. Ny,Grid. Nz). * permy ;
% 将 j 方向渗透率存储为矩阵形式,可修改任意网格的 j 方向渗透率
perm3 = ones( Grid. Nx,Grid. Ny,Grid. Nz). * permz ;
% 将 k 方向渗透率存储为矩阵形式,可修改任意网格的 k 方向渗透率
Por. Kx_m(1:Grid. Nx,1:Grid. Ny,1:Grid. Nz) = perm1 ;
Por. Ky_m(1:Grid. Nx,1:Grid. Ny,1:Grid. Nz) = perm2 ;
Por. Kz_m(1:Grid. Nx,1:Grid. Ny,1:Grid. Nz) = perm3 ;
Por. Lx_m = Por. Kx_m. ^( -1) ;
Por. Ly_m = Por. Ky_m. ^( -1) ;
```

```
Por. Lz_m = Por. Kz_m. ^( -1) ;
% 裂缝孔渗参数以及裂缝倾角、方位角
qj = 0 ;% 裂缝倾角
fwj = 0 ;% 裂缝方位角
Por. poro_f = 0. 005 ;% 裂缝系统孔隙度,小数
perfx = 3 * cos( pi * fwj/180) ;% 裂缝系统渗透率,mD
perfy = 3 * cos( pi * qj/180) * cos( pi * fwj/180) ;% 裂缝系统渗透率,mD
perfz = 0. 3 * cos( pi * qj/180) ;% 裂缝系统渗透率,mD
perf1 = ones( Grid. Nx, Grid. Ny, Grid. Nz) . * perfx ;
% 将 i 方向渗透率存储为矩阵形式,可修改任意网格的 i 方向渗透率
perf2 = ones( Grid. Nx, Grid. Ny, Grid. Nz) . * perfy ;
% 将 j 方向渗透率存储为矩阵形式,可修改任意网格的 j 方向渗透率
perf3 = ones( Grid. Nx, Grid. Ny, Grid. Nz) . * perfz ;
% 将 k 方向渗透率存储为矩阵形式,可修改任意网格的 k 方向渗透率
Por. Kx_f( 1 : Grid. Nx, 1 : Grid. Ny, 1 : Grid. Nz) = perf1 ;
Por. Ky_f( 1 : Grid. Nx, 1 : Grid. Ny, 1 : Grid. Nz) = perf2 ;
Por. Kz_f( 1 : Grid. Nx, 1 : Grid. Ny, 1 : Grid. Nz) = perf3 ;
Por. Lx_f = Por. Kx_f. ^( -1) ;
Por. Ly_f = Por. Ky_f. ^( -1) ;
Por. Lz_f = Por. Kz_f. ^( -1) ;
Por. ak = 0. 01 * 10^( -3) ;% 单位 kPa^( -1)% 储层应力敏感系数
P. P0( 1 : Grid. Nx, 1 : Grid. Ny, 1 : Grid. Nz) = 90000 ;% 初始地层压力,kPa
PVT. mdw = 1083. 6 ;
PVT. mdg = 0. 566 ;
PVT. Bw = 1. 02474 ;
PVT. uw = 0. 2316 ;
dt = 90 ;% 模拟时间步长
T = 20 ;% 模拟年限
Ng = 14. 8833E + 8 ;
% 基质 - 裂缝系统初始条件
P. p_f = P. P0 ;
P. p_m = P. P0 ;
Sg. sg_m0( 1 : Grid. Nx, 1 : Grid. Ny, 1 : Grid. Nz) = 0. 6675 ;
```

```
Sg. sw_m0(1:Grid. Nx,1:Grid. Ny,1:Grid. Nz) = 0. 3325;
Sg. sg_m = Sg. sg_m0;
Sg. sw_m = Sg. sw_m0;
Sg. sg_f0(1:Grid. Nx,1:Grid. Ny,1:Grid. Nz) = 0. 6675;Sg. sw_f0(1:Grid. Nx,1:
Grid. Ny,1:Grid. Nz) = 0. 3325;
Sg. sg_f = Sg. sg_f0;
Sg. sw_f = Sg. sw_f0;
x = 5. 407e - 001;
y = 5. 407e - 001;
% 录入井数据
rcq = 100000;% 日产气量 m^3/天
lcq = 100000;
rcq1 = 100000;
rcs = 0;% 初始日产水量
lcs = 0;
rcs1 = 0;
% 水体数据
J = 500;
Ct = 2. 54E - 6;
g = 9. 8;
ha = 5500;
hi = 5500;
Vwo = 1. 0E + 9;
Pa0 = 90000;
ai = 1/(17 * 17);
for tt = 1:T
for t = 1:4
% 气体 PVT 参数插值
p1 = [95000 85000 75000 66000 58000 50000 46000 38000 30000 26000 18000
14000 10000 6000];
% 压力
a1 = [0. 0362 0. 0344 0. 0334 0. 0313 0. 0294 0. 0273 0. 0262 0. 0239 0. 0215 0. 0202
0. 0177 0. 0166 0. 0157 0. 0149];% 气体黏度,mPa. s
```

```
a2 = [0.0073 0.0076 0.0078 0.0082 0.0088 0.0095 0.0099 0.0112 0.0132 0.0149
0.0208 0.0266 0.0376 0.0639];%气体体积系数
PVT.ug_m = interp1(p1,a1,P.p_m,'nearest');
PVT.Bg_m = interp1(p1,a2,P.p_m,'nearest');
PVT.ug_f = interp1(p1,a1,P.p_f,'nearest');
PVT.Bg_f = interp1(p1,a2,P.p_f,'nearest');
%相渗数据插值(基质系统)
s2 = [0.2 0.2106 0.2213 0.2425 0.2531 0.2744 0.2957 0.3275 0.3488 0.37
0.4019 0.4551 0.6676];%基质含气饱和度
a3 = [0 0.0001 0.0002 0.0004 0.0007 0.0011 0.0028 0.0051 0.0083 0.0117
0.0156 0.0434 0.4359];%气相相对渗透率
a4 = [0.1545 0.1406 0.1192 0.1016 0.0853 0.0628 0.0402 0.0307 0.0209 0.0135
0.0092 0.0055 0];%水相相对渗透率
Kr.Krg_m = interp1(s2,a3,Sg.sg_m,'nearest');
Kr.Krw_m = interp1(s2,a4,Sg.sg_m,'nearest');
%相渗数据插值(裂缝系统)
s3 = [0 0.2 0.5 0.8 1];%基质含气饱和度
a5 = [0 0.2 0.5 0.8 1];%气相相对渗透率
a6 = [1 0.8 0.5 0.2 0];%水相相对渗透率
Kr.Krg_f = interp1(s3,a5,Sg.sg_f,'nearest');
Kr.Krw_f = interp1(s3,a6,Sg.sg_f,'nearest');
[B_m,B1_m,B_f,B1_f] = GenB(Grid,Por,PVT,P,Kr);
[S_m,S1_m,S_f,S1_f] = GenS(Grid,Por,PVT,P,Kr);
[W_m,W1_m,W_f,W1_f] = GenW(Grid,Por,PVT,P,Kr);
[E_m,E1_m,E_f,E1_f] = GenE(Grid,Por,PVT,P,Kr);
[N_m,N1_m,N_f,N1_f] = GenN(Grid,Por,PVT,P,Kr);
[A_m,A1_m,A_f,A1_f] = GenA(Grid,Por,PVT,P,Kr);
C_m = GenCm(Grid,zj_m,B_m,S_m,W_m,E_m,A_m,N_m,B1_m,S1_m,W1_m,
E1_m,A1_m,N1_m);
C_f = GenCf(Grid,zj_f,B_f,S_f,W_f,E_f,A_f,N_f,B1_f,S1_f,W1_f,E1_f,A1_f,
N1_f);
[Q_m,Q_f] = GenQ(Grid,Por,zj_m,zj_f,PVT,P,Kr);
B2_m = reshape(B_m,Grid.N,1);
```

```
S2_m = reshape( S_m,Grid. N,1) ;
W2_m = reshape( W_m,Grid. N,1) ;
C2_m = reshape( C_m,Grid. N,1) ;
E2_m = reshape( E_m,Grid. N,1) ;
N2_m = reshape( N_m,Grid. N,1) ;
A2_m = reshape( A_m,Grid. N,1) ;
B2_f = reshape( B_f,Grid. N,1) ;
S2_f = reshape( S_f,Grid. N,1) ;
W2_f = reshape( W_f,Grid. N,1) ;
C2_f = reshape( C_f,Grid. N,1) ;
E2_f = reshape( E_f,Grid. N,1) ;
N2_f = reshape( N_f,Grid. N,1) ;
A2_f = reshape( A_f,Grid. N,1) ;
Q2_m = reshape( Q_m,Grid. N,1) ;
Q2_f = reshape( Q_f,Grid. N,1) ;
% 生成系数矩阵 B 的函数
function[ B_m,B1_m,B_f,B1_f] = GenB( Grid,Por,PVT,P,Kr)
bc = 86. 4 * 10^( -6) ;
Tg_m = Kr. Krg_m. * exp( - Por. ak. * ( P. P0 - P. p_m)). /( PVT. ug_m. * PVT. Bg_m) ;
Tw_m = Kr. Krw_m. * exp( - Por. ak. * ( P. P0 - P. p_m)). /( PVT. uw. * PVT. Bw) ;
Tg1_m( :,:,1) = zeros( Grid. Nx,Grid. Ny,1) ;
Tg1_m( :,:,2:Grid. Nz) = Tg_m( :,:,1:Grid. Nz - 1) ;
Tw1_m( :,:,1) = zeros( Grid. Nx,Grid. Ny,1) ;
Tw1_m( :,:,2:Grid. Nz) = Tw_m( :,:,1:Grid. Nz - 1) ;
tz = 2 * bc * Grid. dx * Grid. dy/Grid. dz ;
TZ_m = zeros( Grid. Nx,Grid. Ny,Grid. Nz) ;
TZ_m( :,:,2:Grid. Nz) = tz. /( Por. Lz_m( :,:,1:Grid. Nz - 1) + Por. Lz_m( :,:,2:Grid. Nz)) ;
B1_m = PVT. Bg_m. * TZ_m. * Tg1_m + PVT. Bw. * TZ_m. * Tw1_m ;
B_m = B1_m ;
Tg_f = Kr. Krg_f. * exp( - Por. ak. * ( P. P0 - P. p_f)). /( PVT. ug_f. * PVT. Bg_f) ;
```

```
Tw_f = Kr. Krw_f. * exp( - Por. ak. * (P. P0 - P. p_f) ). /( PVT. uw. * PVT. Bw) ;
Tg1_f( :,:,1) = zeros( Grid. Nx, Grid. Ny,1) ;
Tg1_f( :,:,2:Grid. Nz) = Tg_f( :,:,1:Grid. Nz - 1) ;
Tw1_f( :,:,1) = zeros( Grid. Nx, Grid. Ny,1) ;
Tw1_f( :,:,2:Grid. Nz) = Tw_f( :,:,1:Grid. Nz - 1) ;
tz = 2 * bc * Grid. dx * Grid. dy/Grid. dz;
TZ_f = zeros( Grid. Nx, Grid. Ny, Grid. Nz) ;
TZ_f( :,:,2:Grid. Nz) = tz. /( Por. Lz_f( :,:,1:Grid. Nz - 1) + Por. Lz_f( :,:,2:
Grid. Nz) ) ;
B1_f = PVT. Bg_f. * TZ_f. * Tg1_f + PVT. Bw. * TZ_f. * Tw1_f;
B_f = B1_f;
% 生产矩阵 S 的函数
function[ S_m, S1_m, S_f, S1_f] = GenS( Grid, Por, PVT, P, Kr)
bc = 86. 4 * 10^( - 6) ;
Tg_m = Kr. Krg_m. * exp( - Por. ak. * (P. P0 - P. p_m) ). /( PVT. ug_m. * PVT. Bg
_m) ;
Tw_m = Kr. Krw_m. * exp( - Por. ak. * (P. P0 - P. p_m) ). /( PVT. uw. * PVT.
Bw) ;
Tg1_m( :,1,:) = zeros( Grid. Nx,1, Grid. Nz) ;
Tg1_m( :,2:Grid. Ny,:) = Tg_m( :,1:Grid. Ny - 1,:) ;
Tw1_m( :,1,:) = zeros( Grid. Nx,1, Grid. Nz) ;
Tw1_m( :,2:Grid. Ny,:) = Tw_m( :,1:Grid. Ny - 1,:) ;
ty = 2 * bc * Grid. dx * Grid. dz/Grid. dy;
TY_m = zeros( Grid. Nx, Grid. Ny, Grid. Nz) ;
TY_m( :,2:Grid. Ny,:) = ty. /( Por. Ly_m( :,1:Grid. Ny - 1,:) + Por. Ly_m( :,2:
Grid. Ny,:) ) ;
S1_m = PVT. Bg_m. * TY_m. * Tg1_m + PVT. Bw. * TY_m. * Tw1_m;
S_m = S1_m;
Tg_f = Kr. Krg_f. * exp( - Por. ak. * (P. P0 - P. p_f) ). /( PVT. ug_f. * PVT. Bg_f) ;
Tw_f = Kr. Krw_f. * exp( - Por. ak. * (P. P0 - P. p_f) ). /( PVT. uw. * PVT. Bw) ;
Tg1_f( :,1,:) = zeros( Grid. Nx,1, Grid. Nz) ;
Tg1_f( :,2:Grid. Ny,:) = Tg_f( :,1:Grid. Ny - 1,:) ;
Tw1_f( :,1,:) = zeros( Grid. Nx,1, Grid. Nz) ;
```

```
Tw1_f( : ,2:Grid. Ny , : ) = Tw_f( : ,1:Grid. Ny − 1 , : ) ;
ty = 2 ∗ bc ∗ Grid. dx ∗ Grid. dz/Grid. dy ;
TY_f = zeros( Grid. Nx , Grid. Ny , Grid. Nz ) ;
TY_f( : ,2:Grid. Ny , : ) = ty. /( Por. Ly_f( : ,1:Grid. Ny − 1 , : ) + Por. Ly_f( : ,2:
Grid. Ny , : ) ) ;
S1_f = PVT. Bg_f. ∗ TY_f. ∗ Tg1_f + PVT. Bw. ∗ TY_f. ∗ Tw1_f ;
S_f = S1_f ;
% 生产矩阵 W 的函数
function[ W_m , W1_m , W_f , W1_f ] = GenW( Grid , Por , PVT , P , Kr )
bc = 86. 4 ∗ 10^( − 6 ) ;
Tg_m = Kr. Krg_m. ∗ exp( − Por. ak. ∗ ( P. P0 − P. p_m ) ). /( PVT. ug_m. ∗ PVT. Bg
_m ) ;
Tw_m = Kr. Krw_m. ∗ exp( − Por. ak. ∗ ( P. P0 − P. p_m ) ). /( PVT. uw. ∗ PVT.
Bw ) ;
Tg1_m( 1 , : , : ) = zeros( 1 , Grid. Ny , Grid. Nz ) ;
Tg1_m( 2:Grid. Nx , : , : ) = Tg_m( 1:Grid. Nx − 1 , : , : ) ;
Tw1_m( 1 , : , : ) = zeros( 1 , Grid. Ny , Grid. Nz ) ;
Tw1_m( 2:Grid. Nx , : , : ) = Tw_m( 1:Grid. Nx − 1 , : , : ) ;
tx = 2 ∗ bc ∗ Grid. dy ∗ Grid. dz/Grid. dx ;
TX_m = zeros( Grid. Nx , Grid. Ny , Grid. Nz ) ;
TX_m( 2:Grid. Nx , : , : ) = tx. /( Por. Lx_m( 1:Grid. Nx − 1 , : , : ) + Por. Lx_m( 2:
Grid. Nx , : , : ) ) ;
W1_m = PVT. Bg_m. ∗ TX_m. ∗ Tg1_m + PVT. Bw. ∗ TX_m. ∗ Tw1_m ;
W_m = W1_m ;
Tg_f = Kr. Krg_f. ∗ exp( − Por. ak. ∗ ( P. P0 − P. p_f ) ). /( PVT. ug_f. ∗ PVT. Bg_f ) ;
Tw_f = Kr. Krw_f. ∗ exp( − Por. ak. ∗ ( P. P0 − P. p_f ) ). /( PVT. uw. ∗ PVT. Bw ) ;
Tg1_f( 1 , : , : ) = zeros( 1 , Grid. Ny , Grid. Nz ) ;
Tg1_f( 2:Grid. Nx , : , : ) = Tg_f( 1:Grid. Nx − 1 , : , : ) ;
Tw1_f( 1 , : , : ) = zeros( 1 , Grid. Ny , Grid. Nz ) ;
Tw1_f( 2:Grid. Nx , : , : ) = Tw_f( 1:Grid. Nx − 1 , : , : ) ;
tx = 2 ∗ bc ∗ Grid. dy ∗ Grid. dz/Grid. dx ;
TX_f = zeros( Grid. Nx , Grid. Ny , Grid. Nz ) ;
TX_f( 2:Grid. Nx , : , : ) = tx. /( Por. Lx_f( 1:Grid. Nx − 1 , : , : ) + Por. Lx_f( 2:
```

```
Grid. Nx,:,:));
W1_f = PVT. Bg_f. * TX_f. * Tg1_f + PVT. Bw. * TX_f. * Tw1_f;
W_f = W1_f;
% 生成矩阵 E 的函数
function[ E_m,E1_m,E_f,E1_f] = GenE( Grid,Por,PVT,P,Kr)
bc = 86. 4 * 10^( -6);
Tg_m = Kr. Krg_m. * exp( - Por. ak. * ( P. P0 - P. p_m)). /( PVT. ug_m. * PVT. Bg
_m);
Tw_m = Kr. Krw_m. * exp( - Por. ak. * ( P. P0 - P. p_m)). /( PVT. uw. * PVT.
Bw);
tx = 2 * bc * Grid. dy * Grid. dz/Grid. dx;
TX_m = zeros( Grid. Nx,Grid. Ny,Grid. Nz);
TX_m( 1:Grid. Nx - 1,:,:) = tx. /( Por. Lx_m( 1:Grid. Nx - 1,:,:) + Por. Lx_m( 2:
Grid. Nx,:,:));
E1_m = PVT. Bg_m. * TX_m. * Tg_m + PVT. Bw. * TX_m. * Tw_m;
E1_m( Grid. Nx,:,:) = 0;
E_m = E1_m;
Tg_f = Kr. Krg_f. * exp( - Por. ak. * ( P. P0 - P. p_f)). /( PVT. ug_f. * PVT. Bg_f);
Tw_f = Kr. Krw_f. * exp( - Por. ak. * ( P. P0 - P. p_f)). /( PVT. uw. * PVT. Bw);
tx = 2 * bc * Grid. dy * Grid. dz/Grid. dx;
TX_f = zeros( Grid. Nx,Grid. Ny,Grid. Nz);
TX_f( 1:Grid. Nx - 1,:,:) = tx. /( Por. Lx_f( 1:Grid. Nx - 1,:,:) + Por. Lx_f( 2:
Grid. Nx,:,:));
E1_f = PVT. Bg_f. * TX_f. * Tg_f + PVT. Bw. * TX_f. * Tw_f;
E1_f( Grid. Nx,:,:) = 0;
E_f = E1_f;
% 生成矩阵 N 的函数
function[ N_m,N1_m,N_f,N1_f] = GenN( Grid,Por,PVT,P,Kr)
bc = 86. 4 * 10^( -6);
Tg_m = Kr. Krg_m. * exp( - Por. ak. * ( P. P0 - P. p_m)). /( PVT. ug_m. * PVT. Bg
_m);
Tw_m = Kr. Krw_m. * exp( - Por. ak. * ( P. P0 - P. p_m)). /( PVT. uw. * PVT.
Bw);
```

```
ty = 2 * bc * Grid. dx * Grid. dz/Grid. dy;
TY_m = zeros( Grid. Nx,Grid. Ny,Grid. Nz);
TY_m( :,1:Grid. Ny - 1,:) = ty. /( Por. Ly_m( :,1:Grid. Ny - 1,:) + Por. Ly_m( :,
2:Grid. Ny,:));
N1_m = PVT. Bg_m. * TY_m. * Tg_m + PVT. Bw. * TY_m. * Tw_m;
N1_m( :,Grid. Ny,:) = 0;
N_m = N1_m;
Tg_f = Kr. Krg_f. * exp( - Por. ak. * ( P. P0 - P. p_f)). /( PVT. ug_f. * PVT. Bg_f);
Tw_f = Kr. Krw_f. * exp( - Por. ak. * ( P. P0 - P. p_f)). /( PVT. uw. * PVT. Bw);
ty = 2 * bc * Grid. dx * Grid. dz/Grid. dy;
TY_f = zeros( Grid. Nx,Grid. Ny,Grid. Nz);
TY_f( :,1:Grid. Ny - 1,:) = ty. /( Por. Ly_f( :,1:Grid. Ny - 1,:) + Por. Ly_f( :,2:
Grid. Ny,:));
N1_f = PVT. Bg_f. * TY_f. * Tg_f + PVT. Bw. * TY_f. * Tw_f;
N1_f( :,Grid. Ny,:) = 0;
N_f = N1_f;
% 生成矩阵 A 的函数
function[ A_m,A1_m,A_f,A1_f] = GenA( Grid,Por,PVT,P,Kr)
bc = 86. 4 * 10^( - 6);
Tg_m = Kr. Krg_m. * exp( - Por. ak. * ( P. P0 - P. p_m)). /( PVT. ug_m. * PVT. Bg
_m);
Tw_m = Kr. Krw_m. * exp( - Por. ak. * ( P. P0 - P. p_m)). /( PVT. uw. * PVT.
Bw);
tz = 2 * bc * Grid. dx * Grid. dy/Grid. dz;
TZ_m = zeros( Grid. Nx,Grid. Ny,Grid. Nz);
TZ_m( :,:,1:Grid. Nz - 1) = tz. /( Por. Lz_m ( :,:,1:Grid. Nz - 1) + Por. Lz_m
( :,:,2:Grid. Nz));
A1_m = PVT. Bg_m. * TZ_m. * Tg_m + PVT. Bw. * TZ_m. * Tw_m;
A_m = A1_m;
Tg_f = Kr. Krg_f. * exp( - Por. ak. * ( P. P0 - P. p_f)). /( PVT. ug_f. * PVT. Bg_f);
Tw_f = Kr. Krw_f. * exp( - Por. ak. * ( P. P0 - P. p_f)). /( PVT. uw. * PVT. Bw);
tz = 2 * bc * Grid. dx * Grid. dy/Grid. dz;
TZ_f = zeros( Grid. Nx,Grid. Ny,Grid. Nz);
```

```
TZ_f( : , : ,1:Grid. Nz - 1) = tz. /( Por. Lz_f( : , : ,1:Grid. Nz - 1) + Por. Lz_f( : , : ,2:
Grid. Nz));

A1_f = PVT. Bg_f. * TZ_f. * Tg_f + PVT. Bw. * TZ_f. * Tw_f;

A_f = A1_f;

Ws1 = Ct. * Vwo. * ( Pa0 - P. p_f + PVT. mdw. * g. * ( ha - hi). * ones( Grid. Nx,
Grid. Ny,Grid. Nz)). * (( 1 - exp( - J. * ai. * dt. /( Ct. * Vwo))). * ones( Grid.
Nx,Grid. Ny,Grid. Nz));

Ws = zeros( Grid. Nx,Grid. Ny,Grid. Nz);

Ws(1:Grid. Nx,1:Grid. Ny,Grid. Nz) = Ws1 (1:Grid. Nx,1:Grid. Ny,Grid. Nz);%
水体

cl = CL( Kr,PVT,Por,P);

[ Qg,Qw,qgfs,qwfs,qgms,qwms] = Prjd( Grid,Por,PVT,P);

[ p_f,p_m] = yali( Q2_m,cl,qgms,qwms,PVT,dt,Grid,Ws,T_m,Q2_f,qwfs,qgfs,T_
f);

P. p_f = p_f;

P. p_m = p_m;

[ sw_m,sw_f,sg_m,sg_f] = Sw( Grid,Por,Sg,PVT,P,Kr,cl,qwfs,qwms,Ws);

Sg. sg_m = sg_m;

Sg. sw_m = sw_m;

Sg. sg_f = sg_f;

Sg. sw_f = sw_f;

end

end

%5 种方案的对比结果输出

qj( x1,x2,x3,x4,x5,y1,y2,y3,y4,y5)

functionqj( x1,x2,x3,x4,x5,y1,y2,y3,y4,y5)

n = 5;

maxx1 = [ x1(21),x2(21),x3(21),x4(21),x5(21)];

MXXX = max( maxx1);

idx1 = zeros( n,2);

figure

h = plot( x1,y1,'o - ');

set( h,'color',[ 0 200 255]/255)
```

```
idx1(1,:) = [MXXX + 2 y1(21)];
hold on
h = plot(x2,y2,'o - ');
set(h,'color',[255 0 0]/255);
idx1(2,:) = [MXXX + 2 y2(21)];
hold on
h = plot(x3,y3,'o - ');
set(h,'color',[0 255 0]/255);
idx1(3,:) = [MXXX + 2 y3(21)];
hold on
h = plot(x4,y4,'o - ');
set(h,'color',[0 0 255]/255);
idx1(4,:) = [MXXX + 2 y4(21)];
hold on
h = plot(x5,y5,'o - ');
set(h,'color',[255 0 255]/255);
idx1(5,:) = [MXXX + 2 y5(21)];
axis([0,30,0,45])%设置横纵坐标范围
xlabel('采出程度,%','fontsize',12)
ylabel('生产水气比,m^3/10^4 m^3','fontsize',12);
% title('水侵模式','fontsize',12)%表头
%设置当前坐标轴的横纵坐标颜色
set(gca,'XColor',[0 0 0]/255,'YColor',[0 0 0]/255,'XGrid','on','YGrid','on')
text(idx1(1,1),idx1(1,2),'参数变量 1','fontsize',9);
text(idx1(2,1),idx1(2,2),'参数变量 2','fontsize',9);
text(idx1(3,1),idx1(3,2),'参数变量 3','fontsize',9);
text(idx1(4,1),idx1(4,2),'参数变量 4','fontsize',9);
text(idx1(5,1),idx1(5,2),'参数变量 5','fontsize',9);
```